编 委 会

Java SE
程序设计基础教程

青岛东合信息技术有限公司　青岛海尔软件有限公司　编著

电子工业出版社.

Publishing House of Electronics Industry

北京·BEIJING

内 容 简 介

本书从最基本的概念出发，深入讲解了 Java 的基础知识。全书共有 11 章，分别介绍了 Java 的历史、Java 基础语法、数组、类与对象、继承与多态、异常、范型、集合、流与文件、反射、枚举、自动装箱和注解。书中涉及了 Java 的基础语法；详细介绍了 Java 面向对象编程的三大特征——封装、继承和多态；通过异常的编写和使用来体验 Java 的异常处理机制；通过对象的存储与检索来体验 Java 集合的强大功能；通过文件的读写与传输来体验 Java 对 I/O 的支持；通过反射机制的讲解来体验 Java 语言的动态特性；系统地介绍了 JDK 5.0 的新特性等内容。

本书重点突出、偏重应用，结合理论篇的实例和实践篇对贯穿案例的讲解、剖析及实现，使读者能迅速理解并掌握知识，全面提高动手能力。

本书适用面广，可作为本科计算机科学与技术、软件外包专业、高职高专计算机软件、计算机网络、计算机信息管理、电子商务和经济管理等专业的程序设计课程的教材。

图书在版编目（CIP）数据

Java SE 程序设计基础教程 / 青岛东合信息技术有限公司，青岛海尔软件有限公司编著. — 北京：电子工业出版社，2010.8
ISBN 978-7-121-11274-4

Ⅰ. ①J… Ⅱ. ①青… ②青… Ⅲ. ①Java 语言—程序设计—教材 Ⅳ. ①TP312

中国版本图书馆 CIP 数据核字(2010)第 128277 号

责任编辑：张月萍
文字编辑：王　静　张丹阳
印　　刷：北京天宇星印刷厂
装　　订：三河市鹏成印业有限公司
出版发行：电子工业出版社
　　　　　北京市海淀区万寿路 173 信箱　　邮编：100036
开　　本：787×1092　　1/16　　印张：22.25　　字数：527 千字
印　　次：2010 年 8 月第 1 次印刷
定　　价：46.00 元

前　　言

随着 IT 产业的迅猛发展，企业对应用型人才的需求越来越大。"全面贴近企业需求，无缝打造专业实用人才"是目前高校计算机专业教育的革新方向。

该系列教材是面向高等院校软件专业方向的标准化教材。教材研发充分结合软件企业的用人需求，经过了充分的调研和论证，并充分参照多所高校一线专家的意见，具有系统性、实用性等特点。旨在使读者在系统掌握软件开发知识的同时，着重培养其综合应用能力和解决问题的能力。

该系列教材具有如下几个特色。

1. 以应用型人才为导向来培养学生

强调实践：本系列教材以应用型软件及外包人才为培养目标，在原有体制教育的基础上对课程进行了改革，强化"应用型"技术的学习。使学生在经过系统、完整的学习后能够达到如下要求：

- 具备软件开发工作所需的理论知识和操作技能，能熟练地进行编码工作，并掌握软件开发过程的规范。
- 具备一定的项目经验，包括代码的调试、文档编写、软件测试等内容。
- 相当于一年的软件开发经验。

2. 以实用技能为核心来组织教学

二八原则：遵循企业生产过程中的"二八原则"，即企业生产过程中 80%的时间在使用20%的核心技术，强调核心教学，即学生在学校用 80%的学习时间来掌握企业中所用到的核心技术，从而保证对企业常用技术的掌握。教材内容精而专，同时配以知识拓展和拓展练习，以满足不同层次的教学和学习需求。

3. 以新颖的教材架构来引导学习

自成体系：本系列教材采用的教材架构打破了传统的以知识为标准编写教材的方法，采用"全真案例"和"任务驱动"的组织模式。

- **理论篇**：即最小教学集，包含了"二八原则"中提到的常用技术，以任务驱动引导知识点的学习，所选任务不但典型、实用，而且具有很强的趣味性和可操作性，引导学生循序渐进地理解和掌握这些知识和技能，培养学生的逻辑思维能力，掌握利用开发语言进行程序设计的必备知识和技巧。
- **实践篇**：多点于一线，以完整的具体案例贯穿始终，力求使学生在动手实践的过程中，加深课程内容的理解，培养学生独立思考和解决问题的能力，并配备相关知识的拓展讲解和拓展练习，拓宽学生的知识面。
- **结构灵活**：本系列教材在内容设置上借鉴了软件开发中"低耦合高内聚"的设计理念，组织架构上遵循软件开发中的 MVC 理念，即在课程的实施过程中各高校可根据自身的实际情况（课程配比、时间安排、学生水平、教学情况等），在保证最小教学集的前提下可对整个课程体系进行横向（章节内容）、纵向（章节）裁剪。

4. 提供全面的教辅产品来辅助教学实施

为充分体现"实境耦合"的教学模式，方便教学实施，另外还开发了可配套使用的项目实训教材和全套教辅产品，可供各院校选购：

项目篇：多线于一面，以辅助教材的形式，提供适应当前课程（及先行课程）的综合项目，遵循软件开发过程，进行讲解、分析、设计、指导，注重工作过程的系统性，培养学生解决实际问题的能力，是实施"实境"教学的关键环节。

立体配套：为适应教学模式和教学方法的改革，本系列教材提供完备的教辅产品，主要包括教学指导、实验指导、电子课件、习题集、实践案例等内容，并配以相应的网络教学资源。教学实施方面，提供全方位的解决方案（课程体系解决方案、实训解决方案、教师培训解决方案和就业指导解决方案等），以适应软件开发教学过程的特殊性。

本系列教材由青岛海尔软件有限公司和青岛东合信息技术有限公司共同研制，历时两年，参与编著的有张磊、丁春强、赵克玲、高峰、张旭平、孙更新、宾晟、胡芳、侯天超、邵峰晶、于忠清、韩敬海、曹宝香、崔文善、肖孟强等。本书的特约策划人为吕蕾女士。参与本书编写工作的还有：青岛农业大学、潍坊学院、青岛大学、山东科技大学、曲阜师范大学、济宁学院、中国海洋大学、青岛科技大学、济宁医学院等高校，期间得到了各合作院校专家及一线教师的大力支持和协作。在此技术丛书出版之际要特别感谢给予我们开发团队大力支持和帮助的领导及同事，感谢合作院校的师生给予我们的支持和鼓励，更要感谢开发团队每一位成员所付出的艰辛劳动。如有意见及建议，请发邮件至 iTeacher@haiersoft.com.cn。

iTeacher@ 教研组
2010 年 7 月

目　　录

理论篇

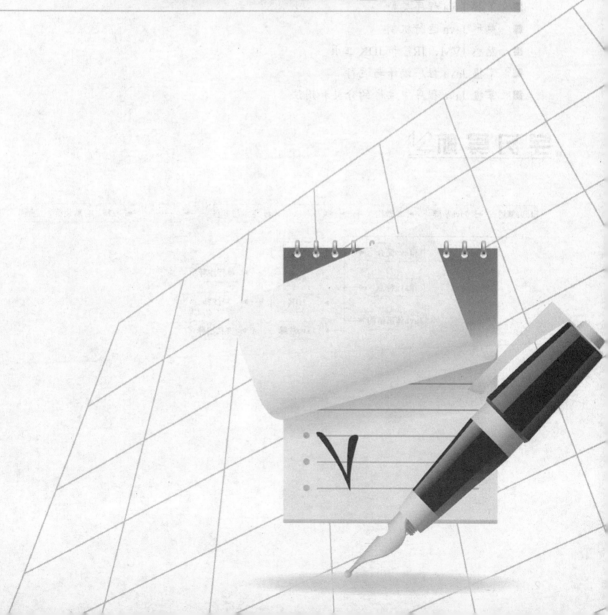

第1章 Java 概述

本章目标

- 了解 Java 的历史
- 了解 Java 的特点
- 了解 Java 的体系结构
- 了解 Java 程序类型
- 熟悉 Java 运行机制
- 熟悉 JVM、JRE 和 JDK 工具
- 掌握 Java 程序编译与运行
- 掌握 Java 程序中注释的分类和用法

学习导航

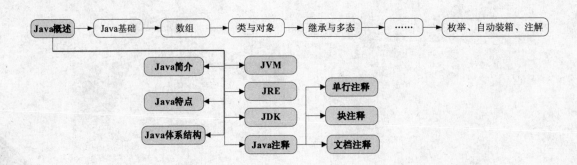

任务描述

【描述 1.D.1】

在 Windows 环境下，使用命令行（字符界面）输出"Hello Java"。

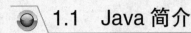 1.1　Java 简介

Java 是由 Sun 公司推出的 Java 程序设计语言和 Java 平台的总称，Java 不仅是一种程序设计语言，也是一个完整的平台，有一个庞大的库，库中包含很多可重用的代码和提供安全性、可移植性，以及可自动垃圾回收等服务的执行环境。

Java 语言的发展经历了如表 1-1 所示的几个阶段。

表 1-1　Java 发展历程

时间	版本	描述
1995 年 5 月 23 日	无	Java 语言诞生，Java 地位确立
1996 年 1 月	JDK 1.0	Java1.0 还不能进行真正的应用开发
1998 年 12 月 8 日	JDK 1.2	里程碑式的产品，性能极大提高，安全灵活，完整 API
1999 年 6 月	Java 三个版本	标准版(J2SE)，企业版(J2EE)，微型版(J2ME)
2000 年 5 月 8 日	JDK 1.3	对 JDK1.2 版进行改进，扩展标准类库，提高系统性能，修
2000 年 5 月 29 日	JDK 1.4	正了一些 bug
2002 年 2 月 26 日	J2SE 1.4	Java 的计算能力有了大幅提升
2004 年 9 月 30 日	J2SE 1.5	里程碑产品，增加了泛型类、for-each 循环、可变元参数，自动打包、枚举、静态导入和元数据
2006 年 12 月	JRE 6.0	J2EE 更名为 Java EE，J2SE 更名为 Java SE，J2ME 更名为 Java ME
2010 年 9 月	JDK 7.0	即将发布

注意　Java 技术虽然最初由 Sun 公司开发，但是 Java Community Process（JCP，一个由全世界的 Java 开发人员和获得许可的人员组成的开放性组织）可以对 Java 技术规范、参考实现和技术兼容性包进行开发和修订。虚拟机和类库的源代码都可以免费获取，但只能查阅，不能修改和再发布。

1.2　Java 的特点

Java 的特点具体介绍如下。

- **简单性**：Java 语言语法简单明了，与 C 或 C++类似，Java 提供了丰富的类库，另一方面 Java 摒弃了 C++中容易引发程序错误的地方，如指针和内存管理。
- **面向对象性**：面向对象可以说是 Java 最重要的特性。Java 语言的设计完全是面向对象的，它不支持类似 C 语言那样的面向过程的程序设计技术。Java 支持静态和动态风格的代码继承及重用。
- **分布式**：Java 语言支持 Internet 应用的开发，在基本的 Java API 中有一个网络应用编程接口（java.net），它提供了用于网络应用编程的类库。Java 的 RMI 机制也是开发分布式应用的重要手段。

- **健壮性**：强类型机制、异常处理、垃圾的自动回收等是 Java 程序健壮性的重要保证。此外 Java 丢弃了 C 或 C++中的指针，另外 Java 的安全检查机制使得 Java 更具健壮性。
- **跨平台性**：这种可移植性来源于体系结构的中立性，另外，Java 还严格规定了各个基本数据类型的长度。Java 系统本身也具有很强的可移植性，Java 编译器是用 Java 实现的，Java 的运行环境是用 ANSI C 实现的。
- **高性能**：与那些解释型的高级脚本语言相比，Java 是高性能的。事实上，Java 的运行速度随着 JIT（Just-In-Time）编译器技术的发展越来越接近于 C++。
- **多线程**：Java 程序使用一个称为"多线程"的进程同时处理多项任务。Java 提供用于同步多个进程的主要解决方案。这种对线程的内置支持使交互式应用程序能在 Internet 上顺利运行。
- **动态性**：Java 语言的设计目标之一是适应于动态变化的环境。Java 程序需要的类能够动态地被载入到运行环境中，也可以通过网络来载入所需要的类。这有利于软件的升级。另外，Java 中的类有一个运行时的表示，能进行运行时的类型检查。

1.3　Java 的体系结构

Java 体系主要分为三大块：J2ME（Java 2 Micro Edition）、J2SE（Java 2 Standard Edition）、J2EE（Java2 Enterprise Edition）。在推出 JDK 5.0 版本后，Java 体系名称分别改名为 Java ME（Java Micro Edition）、Java SE（Java Standard Edition）和 Java EE（Java Enterprise Edition）。也就是说，在新的名称中去掉了容易引起混淆的"2"。对于不同的版本，直接在不同的版本后面加上版本号，如 Java SE 5、Java EE 5 等。

下面分别对这三个平台作简要的介绍。

- Java SE（Java Platform Standard Edition，Java 平台标准版）
  Java SE 是 Java 技术的核心和基础。它是 Java ME 编程和 Java EE 编程的基础。它允许开发和部署在桌面、服务器、嵌入式环境和实时环境中使用的 Java 应用程序。Java SE 包含支持 Java Web 服务开发的类，并为 Java Platform Enterprise Edition（Java EE）提供基础。
- Java EE（Java Platform Enterprise Edition，Java 平台企业版）
  Java EE 是目前 Java 技术应用最广泛的部分，是在 Java SE 的基础上构建的，帮助开发和部署健壮、可移植、可伸缩且安全的服务器端 Java 应用程序。同时它提供 Web 服务、组件模型、管理和通信 API，可以用来实现企业级的面向服务体系结构（service-oriented architecture，SOA）和 Web 2.0 应用程序。
- Java ME（Java Platform Micro Edition，Java 平台微型版）
  Java ME 为在移动设备和嵌入式设备（比如手机、PDA、电视机顶盒和打印机）上运行的应用程序提供一个健壮且灵活的环境。Java ME 包括灵活的用户界面、健壮的安全模型、许多内置的网络协议，以及对可以动态下载的联网和离线应用程序的丰富支持。

注意 本书以 Java SE 5 为主进行讲解，它相比 J2SE 有了较大的变化，这种变化会在后面的章节中说明。

1.3.1 Java 体系结构

使用 Java 进行开发，就是用 Java 编程语言编写代码，然后将代码编译为 Java 类文件，接着在 JVM 中执行类文件。JVM 与核心类共同构成了 Java 平台，也称为 JRE（Java Runtime Environment，Java 运行时环境），该平台可以建立在任意操作系统上。Java 体系结构如图 1-1 所示。

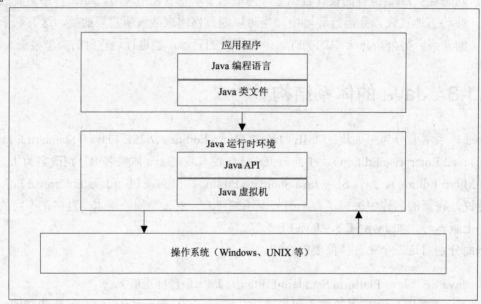

图 1–1　Java 体系结构图

图 1-1 显示了 Java 不同功能模块之间的相互关系，以及它们与应用程序、操作系统之间的关系。

1.3.2 Java 程序类型

Java 可以用来生成两类程序，分别是 Application（Java 应用程序）和 Applet（Java 小程序）。

这两类程序具体解释如下。

- Application 是指在计算机操作系统中运行的程序。用 Java 创建应用程序与其他任何计算机语言创建应用程序相似，这些应用程序可以基于 GUI 或命令行界面。

■ Applet 是为在 Internet 上工作而特别创建的 Java 小程序,通过支持 Java 的浏览器运行,Applet 可以使用任何 Java 开发工具创建,但必须被包含或嵌入到网页中,当网页显示在浏览器上后,Applet 就被加载并执行。

Applet 程序和 Java 应用程序的主要区别表现如下。

■ **运行方式不同**:Applet 程序不能单独运行,必须依附于网页并嵌入其中,通过支持 Java 的浏览器来控制执行。Java 应用程序是完整的程序,能够独立运行。
■ **运行工具不同**:运行 Applet 程序的解释器不是独立的软件,而是嵌在浏览器中作为浏览器软件的一部分。Java 应用程序被编译以后,用普通的 Java 解释器就可以使其边解释边执行,而 Applet 必须通过网络浏览器或者 Applet Viewer 才能执行。
■ **程序结构不同**:每个 Java 应用程序必定含有一个并且仅含一个 main 方法,程序执行时,首先寻找 main 方法,并以此为入口点开始运行。含有 main 方法的类,通常被称为主类,也就是说,Java 应用程序都含有一个主类。而 Applet 程序则没有含 main 方法的主类,这也正是 Applet 程序不能独立运行的原因。
■ **界面利用方式不同**:Applet 程序可以直接利用浏览器或 Applet Viewer 提供的图形用户界面,而 Java 应用程序则必须另外编写专用代码来创建自己的图形用户界面。

注意　Java 应用程序可以设计成能进行各种操作的程序,包括读写文件的操作,而 Applet 对站点的磁盘文件不能进行读写操作,但是引入了 Applet 可以使得 Web 界面具有动态多媒体效果和可交互性。

1.4　JVM、JRE 和 JDK

Java 的三个重要概念是:JVM、JRE 和 JDK。

1.4.1　JVM

JVM(Java Virtual Machine,Java 虚拟机)是可运行 Java 字节码的虚拟计算机系统。可以把它看成一个微型操作系统,在它上面可以执行 Java 的字节码程序。它附着在具体的操作系统之上,其本身具有一套虚拟机指令,但它通常是在软件而不是在硬件上实现。JVM 形成一个抽象层,将底层硬件平台、操作系统与编译过的代码联系起来。Java 实现跨平台性,字节码具有通用的格式,只有通过 JVM 处理后才可以转换特定机器上的机器码,然后在特定的机器上运行。JVM 与硬件、操作系统、字节码代码的关系简化图如图 1-2 所示。

Java 编译器将 Java 源程序编译成 Java 字节码。Java 虚拟机将在其内部创建一个运行时系统,运行 Java 字节码的工作由解释器来完成。JVM 通常每次读取并执行一条 Java 语句。解释执行过程由三部分组成,分别是:代码的装载、代码的校验和代码的执行,如图 1-3 所示。

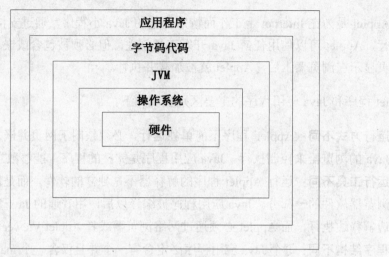

图 1-2　JVM 环境简化图

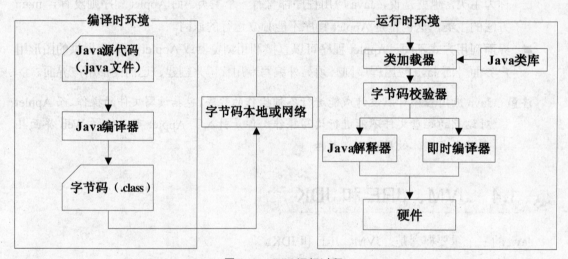

图 1-3　JVM 运行过程

JVM 的运行过程解释如下。

- 加载.class 文件。

  由"类加载器"执行。如果这些类需要跨网络，类加载器将执行安全检查。

- 校验字节码。

  由"字节码校验器"执行，字节码校验器将校验代码格式和对象类型转换，并检查是否发生越权访问。

- 执行代码。

  JVM 中可以包含一个 JIT（just-in-time，即时）编译器。在执行 Java 程序以前，即时编译器会将字节码转换成机器码。如果用户系统中没有即时编译器，运行时解释器就会处理并执行字节码类，相反，如果系统中存在即时编译器，字节码类就会被转换成机器码并执行。

注意　Java 虚拟机是一种用于计算设备的规范，可以由不同的厂商来实现。此外 JVM 根本不了解 Java 编程语言，它只能识别特定的二进制格式的类文件，该文件包含 JVM 指令和单个类或接口的定义，即使其他编程语言编译后形成符合要求的文件，JVM 也能执行。

1.4.2　JRE 与 JDK

1. JRE

JRE 全称 Java Runtime Environment（Java 运行时环境），是运行 Java 程序所必需的环境的集合，JRE 包括 Java 虚拟机、Java 平台核心类和支持文件。安装 JRE 是运行 Java 程序的必要步骤。

2. JDK

JDK 全称 Java Development Kit，是 Sun Microsystems 公司针对 Java 开发人员的产品。自从 Java 推出以来，JDK 已经成为使用最广泛的 Java 开发工具包，一般称为 Java SDK。JDK 是整个 Java 的核心，包括了 Java 运行环境（JRE）、Java 工具和 Java 基础的类库。

JDK 包括如下内容。

- Java 虚拟机（JVM）；
- Java 运行时环境（JRE）；
- Java 编译器：javac，可以通过执行这个命令将 Java 源程序编译成可执行的字节代码 class 文件；
- Java 运行时解释器：java，Java 可以通过该命令执行编译好的字节码 class 文件；
- Java 应用程序编程接口（API）：JDK 提供了大量的 API。使用 API 来缩短开发时间，提高开发效率；
- 其他工具及资源：如用于打包的 jar。

1.4.3　三者关系

JVM、JRE 和 JDK 三者虽然是不同的概念，但相互之间又有着紧密的联系，如图 1-4 所示。

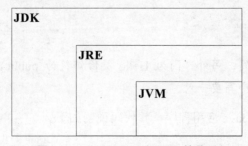

图 1-4　JVM、JRE 和 JDK 的关系

JVM、JRE 和 JDK 从范围上讲是从小到大的关系。在开发 Java 应用程序前，开发人员需要在计算机上安装 JDK，同时会将 JRE 和 JVM 也安装到计算机中。

注意 关于 JDK 的安装与配置，参见实践 1 中实验指导部分"实践 1.G.1"。

1.5 第一个 Java 程序

Java 源文件以.java 为扩展名，一个 Java 应用程序可以有多个 Java 源文件。Java 应用程序的基本结构如下。

- 在完整的 Java 程序里，至少需要有一个类。因为 Java 是完全面向对象的语言，所以所有代码都是写在类型中的。
- Java 文件中可以有多个类，但只能有一个公共类，并且该公共类的类名与 Java 文件名相同。
- 在 Java 中，main()方法是 Java 应用程序的入口方法，程序在运行的时候，第一个执行的方法是 main()方法，每个独立的 Java 应用程序必须有 main()方法才能运行。这个方法和其他的方法有很大的不同，比如方法的名字必须是 main()，方法必须是 public static void 类型的，方法必须接收一个字符串数组的参数等。

下述代码用于实现任务描述 1.D.1，在 Windows 环境下，使用命令行（字符界面）输出 "Hello Java"。

【描述 1.D.1】 Hello.java

```java
public class Hello {
    public static void main(String[] args) {
        //输出 Hello Java
        System.out.println("Hello Java");
    }
}
```

执行结果如下。

```
Hello Java
```

注意 代码区分大小写。另外，因为 Hello 类修饰符为 public，所以文件名要与类名一致，拼写和大小写要一致。

这是一个非常简单的 Java 应用程序，其代码说明如下。

- 上面的程序定义了一个 public 类 Hello，这个类的源程序文件名为 Hello.java。
- Hello 类的范围由一对左、右大括号"{}"包含，public 是 Java 的关键字，用来表示

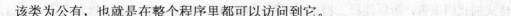

该类为公有，也就是在整个程序里都可以访问到它。

■ 类主体由许多语句组成，语句一般有两种类型——简单语句和复合语句，对简单语句来说，习惯约定一条语句占一行，语句必须以分号 ";" 来表示结束，而复合语句则是由左、右大括号括起来的一组简单语句的集合。对于复合语句在以后的章节中介绍。

■ Hello 类中没有定义成员变量，但有一个成员方法或者称为方法，那就是 main() 方法。

■ System.out.println("Hello Java") 语句的作用是程序运行时会在显示器上输出双引号内的文字。

 ## 1.6 Java 注释

与大多数程序设计语言一样，Java 中的注释用来对程序中的代码做出解释。注释的内容在程序编译时，不产生目标码，因此，注释部分的有无对程序的执行结果不产生影响，但不要认为注释毫无用处。

注释增加代码的清晰度，尤其是在复杂的程序中，加注释可以增加程序的可读性，也有利于程序的修改、调试和交流，注释可以出现在程序中任何出现分隔符的地方。

Java 中的注释可以分为单行注释、块注释和文档注释。

1. 单行注释

单行注释使用 "//" 进行标记，用于对某行代码进行注释。可尾随在某行代码后，也可以单独成一行，如下所示：

```
public static void main(String[] args) {
    int i = 0;// 定义变量 i
    // 输出 Hello
    System.out.println("Hello");
}
```

2. 块注释

块注释使用 "/*……*/" 进行标记，通常用于注释多行代码或用于说明文件、方法、数据结构等的意义与用途。一般位于一个文件或者一个方法的前面，起到引导的作用，也可以根据需要放在合适的位置。这种块注释不会出现在 HTML 报告中。块注释的格式如下：

```
/* main 方法负责输入 hello */
public static void main(String[] args) {
//代码省略
}
```

3. 文档注释

文档注释使用 "/**……*/" 进行标记，并写入 javadoc 文档。注释文档将用来生成 HTML

格式的代码报告，所以注释文档必须书写在类、域、构造函数、方法以及字段（field）定义之前。注释文档由描述和块标记两部分组成。注释文档的格式如下：

```
/**
 * <h1>main 方法负责输出 Hello</h1>
 * @param args
 * @return
 */
public static void main(String[] args) {
    int i = 0;// 定义变量i
//代码省略
}
```

上面的文档注释在使用 javadoc 命令时就会生成类似 Java API 的 HTML 文档的格式，便于阅读。其中：

```
<h1>main 方法负责输出 Hello</h1>
```

用于在 HTML 文档中使用一号字体格式显示标签<h1>所修饰的文字。

```
@param args
@return
```

由@符号起头为块标记注释。常见 javadoc 注释标签语法如表 1-2 所示。

表 1-2　常见 javadoc 注释标签语法

响应头	说明
@author	对类的说明，标明开发该类模块的作者
@version	对类的说明，标明该类模块的版本
@see	对类、属性、方法的说明，参考转向，也就是相关主题
@param	对方法的说明，对方法中某参数的说明
@return	对方法的说明，对方法返回值的说明
@exception	对方法的说明，对方法可能抛出的异常进行说明

 小结

通过本章的学习，读者应该能够学会：

- Java 是 100%面向对象的编程语言；
- Java 是分布式的、健壮的、安全的、与平台无关的编程语言；
- Java 是高性能、支持多线程的动态编程语言；
- Java 是解释型编程语言；
- Java 的两类程序：Application（Java 应用程序）和 Applet（Java 小程序）；

- JVM（Java Virtual Machine）是 Java 虚拟机；
- JRE（Java Runtime Environment）是 Java 运行时环境；
- JDK（Java Development Kit）是 Java 开发工具包；
- Java 源文件以.java 为扩展名，编译后的字节码文件以.class 为扩展名；
- 使用 javac 编译.java 文件，使用 java 运行.class 文件；
- Java 中的注释分为行注释、块注释和文档注释。

练习

1. 编译 Java Application 源程序文件将产生相应的字节码文件，这些字节码文件的扩展名为_____。

　　A. .java　　　　　　B. .class　　　　　　C. .tml　　　　　　D. .exe

2. 执行一个 java 程序"FirstApp"的方法是_____。

　　A. 运行："java FristApp.java"

　　B. 运行："java FristApp"

　　C. 运行："javac FristApp.class"

　　D. 直接双击编译好的 java 目标码文件执行

3. main()方法的返回类型是_____。

　　A. int　　　　　　　B. void　　　　　　C. boolean　　　　　D. static

4. 在 Java 代码中，public static void main 方法的参数描述正确的是_____（多选）。

　　A. String args[]

　　B. String[] args

　　C. Strings args[]

　　D. String args

5. 下列哪些语句关于内存回收的说明是正确的是_____。

　　A. 程序员必须创建一个线程来释放内存

　　B. 内存回收程序负责释放无用内存

　　C. 内存回收程序允许程序员直接释放内存

　　D. 内存回收程序可以在指定的时间释放内存对象

6. Java 体系主要分为：_____、_____和_____三大块。

7. 简单列举 Java 语言的特点。

8. Java 应用程序分为几类？各有什么特点？

9. 面向对象的特征有哪些方面，并分别简要解释。

10. 简述 JVM、JRE 和 JDK 的概念及三者之间的关系。

11. 编写一个 Java 程序，要求在控制台上打印"你好，Java"字符串。

第2章 Java 基础

本章目标

- 掌握 Java 中的变量、常量、Java 关键字
- 掌握 Java 的基本数据类型
- 掌握标识符的定义
- 掌握 Java 中数据类型的转换
- 掌握 Java 的运算符和表达式
- 掌握 Java 的流程控制结构
- 掌握 break、continue 和 return 转移语句的用法和区别

学习导航

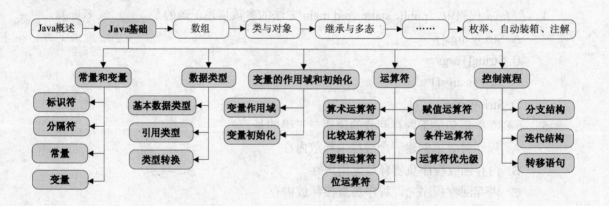

14

任务描述

【描述 2.D.1】

任意输入三个整数，分别输出其中最大值和最小值，并分别检测是奇数还是偶数。

【描述 2.D.2】

输入一个年份，由程序判断该年是否为闰年。

【描述 2.D.3】

任意输入一个数字，输出其对应的月份及该月份对应的天数。

【描述 2.D.4】

编写一个程序，打印九九乘法表。

【描述 2.D.5】

打印 2000 年到 2100 年之间的闰年年份。

2.1 常量和变量

常量和变量是 Java 程序设计的基础，用于表示存储的数据。

2.1.1 标识符

在各种编程语言中，通常要为程序中处理的各种变量、常量、方法、对象和类等起个名字作为标记，以后就可以通过名字来访问或修改某个数据的值，这些名字称为标识符。

标识符必须以字母、下画线（_）或美元符（$）开头，后面可以跟字母、数字、下画线或美元符。

在定义标识符时，应了解其命名的规则：

- 标识符可以包含数字，但不能以数字开头；
- 除下画线"_"和美元符"$"符号外，标识符中不包含任何特殊字符，如空格；
- 标识符区分大小写，比如，"abc"和"Abc"是两个不同的标识符；
- 对于标识符的长度没有限制；
- 不能使用 Java 关键字作为标识符。

如 myvar、_myvar、$myvar、_9myvar 都是一些合法的标识符，而下列标识符则是非法的：

- my var //包含空格；
- 9myvar //以数字开头；
- a+c //加号"+"不是字母和数字，属于特殊字符。

注意 所有 Java 关键字都是小写的，例如 true、false，而 TRUE、FALSE 等都不是 Java 关键字，在 Java 中共有 51 个关键字，见附录 A。

2.1.2 分隔符

分隔符用来分割和组合标识符，辅助编译程序阅读和理解 Java 源程序。

分隔符可以分为两类。

- 没有意义的空白符
- 拥有确定含义的普通分隔符

空白符包括空格、回车、换行和制表符（Tab）。

例如：

```
int i=0;
```

若标识符 int 和 i 之间没有空格，即 inti，则编译程序认为这是用户定义的标识符，但实际该句的含义则是用户定义了一个名为 i 的整形变量。所以该分隔符可以帮助 Java 编译器正确地理解源程序。

注意　任意两个相邻的标识符之间至少有一个分隔符，便于编译程序理解；空白符的数量多少没有什么含义，一个空白格和多个空白格含义相同，都用来起到分割作用；分隔符不能相互替换，比如该用逗号的地方不能使用空白符。

普通分隔符具有特定的语法含义，普通分隔符共有 6 种，如表 2-1 所示。

表 2-1　普通分隔符

分隔符	名称	功能说明
{}	大括号（花括号）	用来定义程序块、类、方法，以及局部范围，也用来包括自动初始化的数组的值
[]	中括号（方括号）	用来进行数组的声明，也可以用来表示撤销对数组的引用
()	小括号	在定义和调用方法时用来容纳参数表。在控制语句或强制类型转换组成的表达式中用来表示执行或计算的优先级
;	分号	用来表示一条语句的结束
,	逗号	在变量声明中，用于分割变量表中的各个变量。在 for 控制语句中用来将圆括号内的语法连接起来
:	冒号	说明语句标号，例如在三元运算符中使用

注意　大括号 "{}" 用于限定某一范围，一定成对出现；分号 ";" 是 Java 语句结束的标记，即语句必须以分号结束，否则一条 Java 语句即使跨多行也算没有结束。

2.1.3　常量

在 Java 语言中，利用 final 关键字来定义常量，常量被设定后，不允许再进行更改。
常量定义的基本格式如下：

```
final <data_type> var_name=var_value;
```

其中：

final 是关键字，表示这个变量只能赋值一次，必须注明；

data_type 是 Java 的任意数据类型之一；

var_name 要符合标识符命名规范；

利用 "=" 对常量值进行初始化。

常量定义举例：

```
final double PI=3.1315;//声明了一个 double 类型的常量，初始化值为 3.1315。
final boolean IS_MAN=true;//声明了一个 boolean 类型的常量，初始化值为 true。
```

注意　在开发过程中常量名习惯采用全部大写字母，如果名称中含有多个单词，则单词之间以"_"分隔。此外常量在定义时，需要对常量进行初始化，初始化后，在应用程序中就无法再对该常量赋值。

 2.1.4 变量

变量是 Java 程序中的基本存储单元，它的定义包括变量名、变量类型和作用域几个部分。在 Java 中，所有的变量必须先声明再使用。其定义的基本格式如下：

```
<data_type> var_name=var_value;
```

其中：

data_type 是 Java 的任意数据类型之一；

var_name 要符合标识符命名规范；

利用"="对变量值进行初始化。

例如：

```
int count=10;
```

可以同时声明几个同一数据类型的变量，变量之间用","隔开，例如：

```
int i,j,k;
```

2.2 数据类型

Java 是一门强类型语言，也就是说，所有的变量都必须显式声明数据类型。

Java 的数据类型分为两大类：基本数据类型（primitive type，也称为原始类型）和引用类型（reference type）。

其中基本数据类型主要包括如下四类。

- **整数类型**：byte，short，int，long
- **浮点类型**：float，double
- **字符类型**：char
- **布尔类型**：boolean

而引用类型主要包括类（class）、接口（interface）、数组（array）、枚举（enum）和注解（Annotation）五种类型。

> **注意** 除了八种基本数据类型外，其他的数据类型都为引用类型。在 JDK 5.0 中引入的枚举（enum）类型和注解（Annotation）都属于引用类型。

2.2.1 基本数据类型

Java 中的基本数据类型从概念上分为四种：整数类型、浮点类型、字符类型、布尔类型。原始数据类型一次可以存储一个值，因此是 Java 中最简单的数据形式。

如表 2-2 所示列出了各种数据类型容纳的值的大小和范围。

表 2-2 基本数据类型

类型	大小(位)	取值范围	说明
byte（字节型）	8	$-2^7 \sim 2^7-1$	用于存储以字节计算的小额数据，对于处理网络或文件的数据流时用途很大
short（短整型）	16	$-2^{15} \sim 2^{15}-1$	用于存储小于 32 767 的数字，如员工编号
int（整型）	32	$-2^{31} \sim 2^{31}-1$	用于存储较大的整数，用途非常广泛
long（长整型）	64	$-2^{63} \sim 2^{63}-1$	用于存储非常大的数字，可以根据存储值的大小来选择
float（浮点型）	32	3.4e-38～3.4e+38	用于存储带小数的数字，如产品价格
double（双精度）	64	1.7e-38～1.7e+38	存储精度要求高的数据，如银行余额
boolean（布尔型）	1	true/false	用于存储真假值，通常用于判断
char（字符型）	16	'\u0000'～'\uFFFF'	用于存储字符数值，如性别：男/女

由于字符类型较其他类型在使用的过程中复杂，在此做一些特别的讲解。

在 Java 中，一个 char 代表一个 16 位无符号的（不分正负的）Unicode 字符，占 2 个字节。一个 char 常量必须包含在单引号内（''），如：

```
char c='a';//指定变量 c 为 char 型，且赋初值为'a'
```

除了以上所述形式的字符常量值之外，Java 还允许使用一种特殊形式的字符常量值来表示一些难以用一般字符来表示的字符，这种特殊形式的字符是以一个 "\" 开头的字符序列，称为转义字符。如表 2-3 所示列出了 Java 中常用的转义字符及其所表示的意义。

表 2-3 转义字符及描述

转义字符	含义
\ddd	1~3 位 8 进制数所表示的字符
\uxxxx	1~4 位 16 进制数所表示的字符
\'	单引号
\"	双引号
\\	反斜杠
\b	退格
\r	回车
\n	换行
\t	制表符

转义字符的使用举例如下：

```
char c='\''; //c 表示一个单引号'
```

```
char c2='\\'; //c表示一个反斜杠\
```

 ## 2.2.2 引用类型

到 JDK 1.6 为止，Java 中有五种引用类型，存储在引用类型变量中的值是该变量表示的值的地址。如表 2-4 所示列出了各种引用数据类型。

表 2-4 引用数据类型

类型	说明
数组（array）	具有相同数据类型的变量的集合
类（class）	变量和方法的集合。如 Employee 类包含了员工的详细信息和操作这些信息的方法
接口（interface）	是一系列方法的声明方法特征的集合。可以实现 Java 中的多重继承
枚举（enum）	枚举类型是一种独特的值类型，它用于声明一组命名的常数
注解（Annotation）	Annotation 提供一种机制，将程序的元素如：类、方法、属性、参数、本地变量、包和元数据联系起来

注意 关于注解（Annotation）会在后续课程的 Spring 或 EJB 3.0 技术中有所涉及。

 ## 2.2.3 类型转换

在 Java 类型转换中，一种数据类型可以转换成另外一种数据类型。但必须慎用此功能，因为误用可能会导致数据的丢失。数据类型转换的方式有"自动类型转换"和"强制类型转换"两种。

1. 自动类型转换

将一种类型的变量赋给另一种类型的变量时，就会发生自动类型转换，发生自动类型转换要满足以下两个条件：

- 两种类型必须兼容；
- 目标类型大于源类型。

如下面箭头的指向，在运算时可以进行自动类型转换。

byte→short→char→int→long→float→double

通过具体示例来演示自动类型转换，代码如下所示。

【代码 2-1】TypeCast.java

```java
public class TypeCast {
    public static void main(String[] args) {
        int i = 100;
        char c1 = 'a';
        byte b = 3;
        long l = 567L;
        float f = 1.89f;
```

```
        double d = 2.1;
        int i1 = i + c1; // char 类型的变量 c1 自动转换为与 i 一致的 int 类型参加运算
        long l1 = l - i1; // int 类型的变量 i1 自动转换为与 l 一致的 long 类型参加运算
        float f1 = b * f; // byte 类型的变量 b 自动转换为与 f 一致的 float 类型参加运算
        /* int 类型的变量 i1 自动转换为与 f1 一致的 float 类型 f1/i1 计算结果为 float 类型，
        然后再转换为与 d 一致的 double 类型。 */
        double d1 = d + f1 / i1;
        System.out.println("i1=" + i1);
        System.out.println("l1=" + l1);
        System.out.println("f1=" + f1);
        System.out.println("d1=" + d1);
    }
}
```

程序运行结果如下。

```
i1=197
l1=370
f1=5.67
d1=2.1287817269563676
```

上面的代码中两句赋值语句：long l=567L 和 float f=1.89f，在这两句语句的最后各加了一个数据类型符 L 和 f，这是为了通知编译器将该常数按程序员指定的数据类型（该两处分别为长整型与单精度型）进行处理。

2. 强制类型转换

表示范围大的数据类型要转换成表示范围小的数据类型，需要用到强制类型转换。强制类型转换的语法形式如下所示：

```
data_type var1=(data_type)var2;
```

其中：

data_type 表示目标类型，即转换后的数据类型；

var1 表示目标变量，即转换后的变量名；

var2 表示源变量，即被转换的变量名。

例如：

```
int i = 10;
byte b = (byte) i;// 把 int 型变量 i 强制转换为 byte 型
```

以上代码中，因为 int 的数据宽度比 byte 类型大，所以 i 要赋给 b 之前必须经过强制类型转换。不过这种转换方式，可能会导致数据溢出或精度的下降。

注意　关于引用类型的转换，涉及面向对象中多态的概念将在第 5 章提及。

2.3 变量的作用域和初始化

在 Java 程序设计的过程中，通常要考虑好变量的作用域和初始化情况，根据变量的作用范围可以分为局部变量和成员变量。

2.3.1 变量作用域

变量被定义为只在某个程序块内或只在方法体内部有效，这种类型的变量通常被称为"局部变量"，局部变量的作用范围有限，只在相应的方法体内或程序块内有效，超出程序块，这些变量无效。

所谓的程序块，就是使用"{"和"}"包含起来的代码块，它是一个单独的模块。

声明一个变量的同时也就指明了变量的作用域。因此，在某个作用域内声明一个变量后，该变量就成了局部变量，除了变量作用域，该变量不能再被访问。另外，在一个确定的域中，变量名应该是唯一的，否则编译器将报错。

通过具体的示例来演示局部变量的作用域，代码如下。

【代码 2-2】ScopeVar.java

```java
public class ScopeVar {
    public static void main(String[] args) {
        /* num 在内层作用域中可用 */
        int num = 2;
        /* 测试变量 num */
        if (num == 2) {
            /* 定义 num1，其作用域为 if 所在的{} */
            int num1 = num * num;
            System.out.println("num 和 num1 的值分别为:" + num + "  " + num1);
        }
        /* num1 = 2;错误! num1 未知 */
        System.out.println("num 的值为: " + num);
    }
}
```

在上述代码中，变量 num 是在 main 方法中声明的，因此其作用域为 main 所在的大括号"{}"内，在 main 方法内的代码都可以访问该变量。另一个变量 num1 是在 if 程序块中声明的。因此只有在 if 块中出现的代码才可以使用 num1。否则编译器会生成错误，但变量 num 可以在 if 中使用，因为在 if 块外已经声明了此变量。

> **注意** 只要作用域中的代码开始执行，变量就存在于内存中，即变量超出其作用域的范围后系统就会释放它的值，也就是说变量的生存期受到其作用域的限制。如果在作用域中初始化一个变量，则每次调用块时系统就会重新初始化该变量。

2.3.2　变量初始化

所有的局部变量在使用之前都必须进行初始化，也就是说必须要有值。

初始化有两种方法：一种在声明变量时同时赋值，如下所示：

```
int count=0;
```

另外一种情况是先声明变量，然后再赋值，如下所示：

```
int num;
...
num=4;
```

> **注意**　对于基本数据类型变量，按照其相应数据类型的数据格式进行初始化就可以，对于引用类型的变量的初始化一般使用 null。

2.4　运算符

在 Java 编程语言里，运算符是一个符号，用来操作一个或多个表达式以生成结果。所谓表达式是指包含符号（如"+"和"-"）与变量或常量组合的语句。在表达式中使用的符号就是运算符，这些运算符所操作的变量/常量称为操作数。

Java 中的运算符可以分为一元、二元及三元运算符等类型。要求一个操作数的运算符为一元运算符，要求两个操作数的运算符为二元运算符，三元运算符则要求有三个操作数。运算符将值或表达式组合成更为复杂的表达式，这些表达式将返回值。

在 Java 语言中，运算符分为以下几类：算术运算符、比较运算符、逻辑运算符、位运算符、赋值运算符、条件运算符。

2.4.1　算术运算符

算术运算符用在数学表达式中，其用法和功能与在数学运算中一样，Java 定义了下列算术运算符，如表 2-5 所示。

表 2-5　算术运算符

运算符	数学含义	示例
+	加	a+b
-	减或负号	a-b，-b
*	乘	a*b
/	除	a/b
%	取模	a%b
++	自增	a++，++a
--	自减	a--，--a

代码示例如下。

【代码 2-3】MathOP.java

```
public class MathOP {
    public static void main(String[] args) {
        int a = 13; //  声明 int 变量 a,并赋值为 13
        int b = 4; //  声明 int 变量 b,并赋值为 4
        System.out.println("a+b=" + (a + b)); // 输出 a/b 的值
        System.out.println("a-b=" + (a - b)); // 输出 a/b 的值
        System.out.println("a*b=" + (a * b)); // 输出 a/b 的值
        System.out.println("a/b=" + (a / b)); // 输出 a/b 的值
        System.out.println("a%b=" + (a % b)); // 输出 a%b 的值
    }
}
```

执行结果如下。

```
a+b=17
a-b=9
a*b=52
a/b=3
a%b=1
```

> **注意** 除法运算中，结果取整是指取算术运算结果的整数部分，并不四舍五入。如下运算：11/3=3。

2.4.2 比较运算符

比较运算符用在数学表达式中，其用法和功能与数学运算中一样，Java 定义了下列比较运算符，如表 2-6 所示。

表 2-6 比较运算符

运算符	数学含义	示例
>	大于	a>b
<	小于	a<b
==	等于	a==b
>=	大于等于	a>=b
<=	小于等于	a<=b

比较运算表达式的结果为布尔值（true 或 false）。

代码示例如下。

【代码 2-4】CompareOP.java

```java
/*测试各种比较运算符*/
public class CompareOP {
    public static void main(String[] args) {
        int a = 10;
        int b = 20;
        System.out.println("a>b =" + (a > b));
        System.out.println("a<b =" + (a < b));
        System.out.println("a==b =" + (a == b));
        System.out.println("a>=b =" + (a >= b));
        System.out.println("a<=b =" + (a <= b));
    }
}
```

执行结果如下。

```
a>b =false
a<b =true
a==b =false
a>=b =false
a<=b =true
```

2.4.3 逻辑运算符

逻辑运算符用在布尔表达式中。布尔运算遵循真值表规则，真值表如表 2-7 所示。

表 2-7 真值表

A	B	A 与 B	A 或 B	非 A
T	T	T	T	F
T	F	F	T	F
F	T	F	T	T
F	F	F	F	T

Java 定义了下列逻辑运算符，如表 2-8 所示。

表 2-8 逻辑运算符

运算符	数学含义	示例
!	非	!a
&&	与	a&&b
||	或	a||b

逻辑运算符的使用代码示例如下。

【代码 2-5】BooleanOP.java

```java
public class BooleanOP {
    public static void main(String[] args) {
        boolean trueValue = true; // 声明 boolean 变量 t,并赋值为 true
        boolean falseValue = false; // 声明 boolean 变量 f,并赋值为 false
        // !
        System.out.println("!trueValue=" + !trueValue);
        System.out.println("!falseValue=" + !falseValue);
        // &&
        System.out.println("trueValue&&true=" + (trueValue && true));
        System.out.println("falseValue&&true=" + (falseValue && true));
        System.out.println("trueValue&&false=" + (trueValue && false));
        System.out.println("falseValue&&false=" + (falseValue && false));
        // ||
        System.out.println("trueValue||true=" + (trueValue || true));
        System.out.println("falseValue||true=" + (falseValue || true));
        System.out.println("trueValue||false=" + (trueValue || false));
        System.out.println("falseValue||false=" + (falseValue || false));
    }
}
```

执行结果如下。

```
!trueValue=false
!falseValue=true
trueValue&&true=true
falseValue&&true=false
trueValue&&false=false
falseValue&&false=false
trueValue||true=true
falseValue||true=true
trueValue||false=true
falseValue||false=false
```

布尔运算的结果仍然为布尔值 true 或 false。

注意 在逻辑运算时，为了提高运行效率，Java 提供了"短路运算"功能。"&&"运算符检查第一个表达式是否返回"false"，假如是"false"则结果必为"false"，不再检查其他内容。"||"运算符检查第一个表达式是否返回"true"，假如是"true"则结果必为"true"，不再检查其他内容。

2.4.4　位运算符

Java 定义的位运算直接对整数类型的位进行操作，这些整数类型包括 long、int、short 和 byte，另外也可以对 char 类型进行位运算。计算机中所有的整数类型以二进制数字位的变化及其宽度来表示。例如，byte 型值 42 的二进制代码是 00101010，如表 2-9 所示。

表 2-9　整数的二进制表示

位置	7	6	5	4	3	2	1	0
幂	2^7	2^6	2^5	2^4	2^3	2^2	2^1	2^0
值	0	0	1	0	1	0	1	0

其中每个位置在此代表 2 的次方，在最右边的位以 2^0 开始，向左下一个位置将是 2^1，2^1=2，依次向左是 2^2，2^2=4，然后是 2^3=8，2^4=16，2^5=32 等，依此类推。因此 42 在其位置 1、3、5 的值为 1（从右边以 0 开始数）；这样 42=2^1+2^3+2^5 的和，也即 42=2+8+32。位运算的真值表如表 2-10 所示。

表 2-10　位运算真值表

A	B	A|B	A&B	A^B	~A
0	0	0	0	0	1
1	0	1	0	1	0
0	1	1	0	1	1
1	1	1	1	0	0

Java 定义了下列位运算，如表 2-11 所示。

表 2-11　位运算符

运算符	含义	示例
~	按位非（NOT）	~a
&	按位与（AND）	a&b
|	按位或（OR）	a|b
^	按位异或（XOR）	a^b
>>	右移	a>>b
>>>	无符号右移	a>>>b
<<	左移	a<<b

1. 按位非（NOT）

语法格式：~value1

按位非也叫做补，一元运算符 NOT "~" 是对其运算数的每一位取反。例如，数字 42，它的二进制代码为 00101010，则：~00101010=11010101。

2. 按位与（AND）

语法格式：value1 & value2

按位与运算符 "&"，如果两个运算数都是 1，则结果为 1。其他情况下，结果均为零。例如：

00101010& 00001111 = 00001010。

3. 按位或（OR）

语法格式：value1 | value2

按位或运算符 "|"，任何一个运算数为 1，则结果为 1。例如：00101010|00001111=00101111。

4. 按位异或（XOR）

语法格式：value1 ^ value2

按位异或运算符 "^"，只有在两个比较的位不同时其结果是 1，否则，结果是零。

5. 左移

语法格式：value << num

这里 num 指定要移位值 value 移动的位数。也就是说，左移运算符<<使指定值的所有位都左移 num 位。每左移一位，高阶位都被移出（并且丢弃），并用 0 填充右边。这意味着当左移的运算数是 int 类型时，每移动 1 位它的第 31 位就要被移出并且丢弃；当左移的运算数是 long 类型时，每移动 1 位它的第 63 位就要被移出并且丢弃。例如：11111000<<1= 11110000。

6. 右移

语法格式：value >> num

这里 num 指定要移位值 value 移动的位数。也就是说，右移运算符>>使指定值的所有位都右移 num 位。当值中的某些位被 "移出" 时，这些位的值将被丢弃。右移时，被移走的最高位（最左边的位）由原来最高位的数字补充。例如：11111000>>1 =11111100。

7. 无符号右移

语法格式：value >>> num

这里 num 指定要移位值 value 移动的位数。也就是说，无符号右移运算符>>>使指定值的所有位都右移 num 位。当值中的某些位被 "移出" 时，这些位的值将被丢弃。右移时，被移走的最高位（最左边的位）由 0 补充。例如：11111000>>>1 =01111100。

下面通过一个综合示例来说明位运算符的用法。

【代码 2-6】ByteOP.java

```java
public class ByteOP {
    public static void main(String[] args) {
        int num1=9;
        int num2=7;
        int fei=~num1;           //非
        int huo=num1 | num2;     //或
        int yu=num1 & num2;      //与
        int yiHuo=num1 ^ num2;   //异或
        int youYi=num1>>1;       //右移一位
        int zuoYi=num1<<1;       //左移一位
```

```
        int xYouYi=num1>>>1;      //无符号右移一位
        System.out.println(fei);
        System.out.println(huo);
        System.out.println(yu);
        System.out.println(yiHuo);
        System.out.println(youYi);
        System.out.println(zuoYi);
        System.out.println(xYouYi);
    }
}
```

执行结果如下。

```
-10
15
1
14
4
18
4
```

2.4.5 赋值运算符

赋值运算符为一个单独的等于号 "=", 它将值赋给变量。

例如:

```
int i=3;
```

该语句的作用是将整数 3 赋值给整型变量 i, 使得变量 i 此时拥有的值为 3。

如下面的语句:

```
i=i+1;
```

这表示把 i 加 1 后的结果再赋值给变量 i 存放, 若此语句执行前 i 的值为 3, 则本语句执行后, i 的值将变为 4。

此外赋值运算符可以与算术运算符结合成一个运算符。例如:

```
i+=3;//等效于 i=i+3;
```

类赋值运算符汇总如表 2-12 所示。

表 2-12 类赋值运算符

运算符	示例
+=	a+=b

（续表）

运算符	示例
-=	a-=b
*=	a*=b
/=	a/=b
%=	a%=b

 2.4.6 条件运算符

条件运算符是三元运算符，语法格式为：

`<表达式>?e1:e2`

其中表达式值的类型为布尔类型，若表达式的值为真，则返回 e1 的值；表达式的值为假，则返回 e2 的值。

三元运算符的使用示例如下。

【代码 2-7】ThreeOP.java

```java
public class ThreeOP {
    public static void main(String[] args) {
        int num1 = 3, num2 = 6;
        boolean result = (num1 > num2) ? true : false;
        System.out.println(result);
    }
}
```

执行结果如下。

`false`

 2.4.7 运算符优先级

Java 语言规定了运算符的优先级与结合性。优先级是指同一个表达式中多个运算符被执行的次序，在表达式求值时，先按运算符的优先级别由高到低的次序执行，例如，算术运算符中采用"先乘除后加减"的次序。具体运算符优先级如表 2-13 所示。

表 2-13　运算符优先级表

优先次序	运算符
1	. [] ()
2	++ -- ! ~ instanceof
3	new (type)
4	* / %
5	+ -
6	>> >>> <<

（续表）

优先次序	运算符
7	> < >= <=
8	== !=
9	&
10	^
11	|
12	&&
13	||
14	?:
15	= += -= *= /= %= ^=
16	&= |= <<= >>= >>>=

注意　括号可以用于更改计算表达式的顺序，将首先计算括号内的表达式的任何部分。如果使用嵌套括号，则从最里面的一组括号开始计算，然后向外移动，但是在括号里面，优先级的规则仍然使用。

2.5　流程控制

Java 程序通过控制语句来执行程序流，从而完成一定的任务。程序流是由若干条语句组成的，语句可以是单一的一条语句，如 c=a+b，也可以是用大括号"{}"括起来的一个复合语句（程序块）。Java 中的控制语句有以下几类。

- **分支结构**：if-else、switch
- **迭代结构**：while、do-while、for
- **转移语句**：break、continue、return

下面详细介绍这三种控制语句。

2.5.1　分支结构

分支结构是根据假设的条件成立与否，再决定执行什么样语句的结构，它的作用是让程序更具有选择性。

Java 中通常将假设条件以布尔表达式的方式实现。Java 语言中提供的分支结构有：

- if-else 语句
- switch 语句

1. if-else 语句

if-else 语句是最常用的分支结构，其语法结构如下。

```
if(condition)
```

```
statement1;
[else statement2;]
```

语法解释如下：

- condition 是布尔表达式，结果为 true 或 false；
- statement1 和 statement2 都表示语句块。当 condition 为 true 时执行 if 语句块的 statement1 部分；当 condition 为 false 时执行 else 语句块的 statement2 部分。

if-else 语句执行流程图如图 2-1 所示。

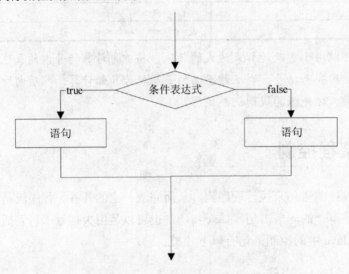

图 2-1　if-else 语句流程图

下述代码用于实现任务描述 2.D.1，任意输入三个整数，分别输出其中最大值和最小值，并分别检测是奇数还是偶数。

【描述 2.D.1】 MaxNumber.java

```java
/*找出三个数中最大的，并且分别检测是奇数还是偶数 */
public class MaxNumber {
    public static void main(String[] args) {
        Scanner scanner = new Scanner(System.in);
        // 从控制台输入三个整数，利用 parseInt 方法将字符串转换成整数
        System.out.println("请输入三个整数：");
        int num1 = scanner.nextInt();
        int num2 = scanner.nextInt();
        int num3 = scanner.nextInt();
        // 定义两个变量用于存储最大值和最小值
        int maxNum = 0;
        int minNum = 0;
```

```
        // 利用 num1 和 num2 进行比较找出较大的和较小的
        if (num1 > num2) {
            maxNum = num1;
            minNum = num2;
        } else {
            maxNum = num2;
            minNum = num1;
        }
        // 再将 maxNum 和 minNum 分别和 num3 进行比较，最终得出最大值和最小值
        if (maxNum < num3) {
            maxNum = num3;
        }
        if (minNum > num3) {
            minNum = num3;
        }
        // 分别输出最大值和最小值
        System.out.println("最大值是:" + maxNum + " 最小值为：" + minNum);
        if (maxNum % 2 == 0) {
            System.out.println("最大值为偶数");
        } else {
            System.out.println("最大值为奇数");
        }
        if (minNum % 2 == 0) {
            System.out.println("最小值为偶数");
        } else {
            System.out.println("最小值为奇数");
        }
    }
}
```

执行结果如下。

```
请输入三个整数:
2 10 5
最大值是:10 最小值为：2
最大值为偶数
最小值为偶数
```

分支判断逻辑有时比较复杂，在一个布尔表达式中不能完全表示。这时可以采用嵌套分支语句实现。基于嵌套 if 语句的序列一般编程结构为 if-else-if 阶梯。

嵌套 if 的语法结构如下。

```
if(condition){
statement1;
```

```
}else if(condition){
statement2;
}else if(condition){
statement3;
...
}else{
statement;
}
```

闰年的计算方法是：公元纪年的年数可以被 4 整除为闰年；被 100 整除而不能被 400 整除为平年；被 100 整除也可以被 400 整除为闰年。如 2000 年是闰年，而 1900 年不是。

下述代码用于实现任务描述 2.D.2，输入一个年份，由程序判断该年是否为闰年。

【描述 2.D.2】 Year.java

```
/*从控制台输入一个年份，判断是否为闰年*/
public class Year {
    public static void main(String[] args) {
        Scanner scanner = new Scanner(System.in);
        int year = scanner.nextInt();
        if ((year % 100) == 0) {
            if (year % 400 == 0) {
                System.out.println(year + "是闰年");
            }
        } else if (year % 4 == 0) {
            System.out.println(year + "是闰年");
        } else {
            System.out.println("不是闰年");
        }
    }
}
```

执行结果如下。

```
请输入年份：
2008
2008 是闰年
```

2. switch-case 语句

一个 switch 语句由一个控制表达式和一个由 case 标记表述的语句块组成，语法如下。

```
switch (expression){
case value1 : statement1;
break;
case value2 : statement2;
```

```
break;
............
case valueN : statemendN;
break;
[default : defaultStatement; ]
}
```

语法解释如下：

- switch 语句把表达式返回的值依次与每个 case 子句中的值相比较。如果遇到匹配的值，则执行该 case 后面的语句块；
- 表达式 expression 的返回值类型必须是这几种类型之一：int、byte、char、short；
- case 子句中的值 valueN 必须是常量，并且是 int、byte、char、short 类型之一，而且所有 case 子句中的值应是不同的；
- default 子句是可选的；
- break 语句用来在执行完一个 case 分支后，使程序跳出 switch 语句，即终止 switch 语句的执行，而在一些特殊情况下，多个不同的 case 值要执行一组相同的操作，这时可以不用 break。

下述代码用于实现任务描述 2.D.3，任意输入一个数字，输出其对应的月份及该月份对应的天数。

【描述 2.D.3】 SwitchOP.java

```java
public class SwitchOP {
public static void main(String[] args) {
        System.out.println("请输入月份：");
        Scanner scanner = new Scanner(System.in);
        int month = scanner.nextInt();
        switch (month) {
        case 1:
            System.out.println("一月,该月共有 31 天");break;
        case 2:
            System.out.println("二月该月共有 29 天");break;
        case 3:
            System.out.println("三月该月共有 31 天");break;
        case 4:
            System.out.println("四月该月共有 30 天");break;
        case 5:
            System.out.println("五月该月共有 31 天");break;
        case 6:
            System.out.println("六月该月共有 30 天");break;
        case 7:
            System.out.println("七月该月共有 31 天");break;
```

```
        case 8:
            System.out.println("八月该月共有 31 天");break;
        case 9:
            System.out.println("九月该月共有 30 天");break;
        case 10:
            System.out.println("十月该月共有 31 天");break;
        case 11:
            System.out.println("十一月该月共有 30 天");break;
        case 12:
            System.out.println("十二月该月共有 31 天");break;
        default:
            System.out.println("无效月份.");break;
        }
    }
}
```

执行结果如下。

请输入月份:
6
六月该月共有 30 天

2.5.2　迭代结构

迭代结构的作用是反复执行一段代码，直到满足终止循环的条件为止。Java 语言中提供的迭代结构有三种。

- while 语句
- do-while 语句
- for 语句

1. while 语句

while 语句是常用的迭代语句，语法结构如下。

```
while (condition){
statement;
}
```

语法解释如下：

首先，while 语句计算表达式，如果表达式为 true，则执行 while 循环体内的语句；否则结束 while 循环，执行 while 循环体以后的语句。

while 语句执行流程图如图 2-2 所示。

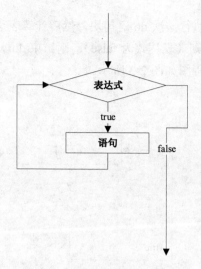

图 2-2 while 语句流程图

while 语句的使用示例如下。

【代码 2-8】WhileOP.java

```java
public class WhileOP {
    public static void main(String[] args) {
        int count = 5;// 循环上限
        int i = 1;// 迭代指示器
        while (i < count) {
            System.out.println("当前是: " + i);
            i++;
        }
    }
}
```

执行结果如下。

```
当前是: 1
当前是: 2
当前是: 3
当前是: 4
```

2. do-while 语句

do-while 语句用于循环至少执行一次的情形，语句结构如下。

```java
do {
statement;
} while (condition);
```

语法解释如下：

首先，do-while 语句执行一次 do 语句块，然后计算表达式，如果表达式为 true，则继续执行循环体内的语句；否则（表达式为 false），则结束 do-while 循环。

do-while 语句执行流程图如图 2-3 所示。

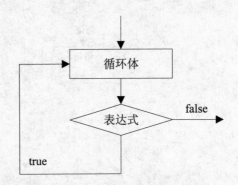

图 2-3　do-while 语句流程图

do-while 语句的使用示例如下。

【代码 2-9】DoWhileOP.java

```java
public class DoWhileOP {
    public static void main(String[] args) {
        int count = 5;// 循环上限
        int i = 1;// 迭代指示器
        do {
            System.out.println("当前是：" + i);
            i++;
        } while (i < count);
    }
}
```

执行结果如下。

```
当前是：1
当前是：2
当前是：3
当前是：4
```

3. for 语句

for 语句是最常见的迭代语句，一般用在循环次数已知的情形，for 语句结构如下。

```java
for (initialization;condition;update){
    statements;
}
```

语法解释如下：

- for 语句执行时，首先执行初始化操作（initialization），然后判断终止条件表达式（condition）是否满足，如果为 true，则执行循环体中的语句，最后执行迭代部分（update）。完成一次循环后，重新判断终止条件；
- 初始化、终止及迭代部分都可以为空语句（但分号不能省略），三者均为空的时候，相当于一个无限循环；
- 在初始化部分和迭代部分可以使用逗号语句来进行多个操作。逗号语句是用逗号分隔的语句序列。

```
for( i=0, j=10; i<j; i++, j--){
......
}
```

for 语句执行流程图如图 2-4 所示。

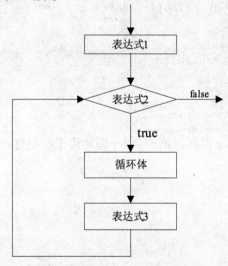

图 2-4　for 语句流程图

for 语句的使用示例如下。

【代码 2-10】ForOP.java

```
public class ForOP {
    public static void main(String[] args) {
        int count = 5;//循环上限
        for(int i=1; i<count; i++){
            System.out.println("当前是: " + i);
        }
    }
}
```

执行结果如下。

```
当前是:1
当前是:2
当前是:3
当前是:4
```

下述代码用于实现任务描述 2.D.4，打印九九乘法表。

【描述 2.D.4】 NineTable.java

```java
public class NineTable {
    public static void main(String[] args) {
        for (int i = 1; i <= 9; i++) {
            for (int j = 1; j <= i; j++) {
                // 输出 a*b=c 格式
                System.out.print(j + "*" + i + "=" + i * j + " ");
            }
            // 输出空行
            System.out.println();
        }
    }
}
```

上述代码使用嵌套的 for 循环，第一个 for 循环用于控制行，第二个 for 循环用于控制每行中的表达式。

执行结果如下。

```
1*1=1
1*2=2 2*2=4
1*3=3 2*3=6 3*3=9
1*4=4 2*4=8 3*4=12 4*4=16
1*5=5 2*5=10 3*5=15 4*5=20 5*5=25
1*6=6 2*6=12 3*6=18 4*6=24 5*6=30 6*6=36
1*7=7 2*7=14 3*7=21 4*7=28 5*7=35 6*7=42 7*7=49
1*8=8 2*8=16 3*8=24 4*8=32 5*8=40 6*8=48 7*8=56 8*8=64
1*9=9 2*9=18 3*9=27 4*9=36 5*9=45 6*9=54 7*9=63 8*9=72 9*9=81
```

下述代码用于实现任务描述 2.D.5，打印 2000 年到 2100 年之间的闰年年份。

【描述 2.D.5】 LeapYear.java

```java
public class LeapYear {
    public static void main(String[] args) {
        System.out.println("请输入年份:");
        Scanner scanner = new Scanner(System.in);
```

```java
// 开始年份
int beginYear = scanner.nextInt();
// 终止年份
int endYear = scanner.nextInt();
System.out.println("从" + beginYear + "到" + endYear + "中闰年为: ");
for (int year = beginYear,i = 0; year <= endYear; year++,i++) {
    if ((year % 100 == 0 && year % 400 == 0) || year % 4 == 0) {
        System.out.print(year + " ");
    }
    //调整输出格式
    if (year % 8 == 0) {
        System.out.println();
    }
}
```

执行结果如下。

```
请输入年份：
2000 2100
从 2000 到 2100 中闰年为：
2000
2004 2008
2012 2016
2020 2024
2028 2032
......省略
```

2.5.3　转移语句

Java 的转移语句用在选择结构和循环结构中，便于程序员控制程序执行的方向。

转移语句有：

- break 语句
- continue 语句
- return 语句

1. break 语句

break 语句主要有三个作用：

- 在 switch 语句中，用于终止 case 语句序列，跳出 switch 语句，这在讲 switch 语句时已经介绍；
- 在循环结构中，用于终止循环语句序列，跳出循环结构；

■ 与标签语句配合使用，从内层循环或内层程序块中退出。

当 break 语句用于 for、while、do-while 循环语句中时，可使程序终止循环而执行循环后面的语句。通常 break 语句总是与 if 语句连在一起，即满足条件时便跳出循环。仍然以 for 语句为例来说明，其一般形式如下。

```
for(表达式1,表达式2,表达式3){
......
if(表达式4)
break;
......
}
```

其含义是在执行循环体过程中，如果 if 语句中的表达式成立，则终止循环，转而执行循环语句之后的其他语句。

下面以 for 语句为例，说明 break 在循环结构中的使用方法。下面示例实现从 1 到 10 中查找是否有可以被 3 整除的数值，示例代码如下。

【代码 2-11】BreakOP.java

```
public class BreakOP {
    public static void main(String[] args) {
        int count=10;//循环次数
        int target=3;//寻找的目标
        for(int i=1;i<count;i++){
            if(i%target==0){
                System.out.println("找到目标");
                break;
            }
            System.out.println(i);//打印当前的i值
        }
    }
}
```

执行结果如下。

```
1
2
找到目标
```

2. continue 语句

continue 语句用于 for、while、do-while 等循环体中时，常与 if 条件语句一起使用，用来加速循环。即满足条件时，跳过本次循环剩余的语句，强行检测判定条件以决定是否进行下一次循环。以 for 语句为例，其一般形式如下。

```
for(表达式1,表达式2,表达式3)
```

```
{
......
if(表达式 4) continue;
......
}
```

其含义是在执行循环体过程中，如果 if 语句中的表达式成立，则终止当前迭代，转而执行下一次迭代。continue 语句的使用示例如下。

【代码 2-12】ContinueOP.java

```java
public class ContinueOP {
    public static void main(String[] args) {
        int count=10;//循环次数
        int target=3;//寻找能够被 3 整除的数
        for(int i=1;i<count;i++){
            if(i%target==0){
                System.out.println("找到目标");
                continue;
            }
            System.out.println(i);//打印当前的 i 值
        }
    }
}
```

执行结果如下。

```
1
2
找到目标
4
5
找到目标
7
8
找到目标
```

3. return 语句

return 语句通常用在一个方法的最后，以退出当前方法，其主要有如下两种格式。

- return 表达式
- return

当含有 return 语句的方法被调用时，执行 return 语句将从当前方法中退出，返回到调用该方法的语句处。如执行 return 语句的是第一种格式，将同时返回表达式执行结果。第二种格式执行后不返回任何值，用于方法声明时明确返回类型为 void（空）的方法中。

注意 return 语句通常用在一个方法体的最后，否则会产生编译错误，除非用在 if-else 语句中。

return 语句的使用示例如下。

【代码 2-13】ReturnOP.java

```java
public class ReturnOP {
    public static void main(String[] args) {
        int num1 = 1;
        int num2 = 2;
        int sum = doSum(num1, num2);
        System.out.println(num1 + "+" + num2 + "=" + sum);
    }
    static int doSum(int num1, int num2) {
        return num1 + num2;
    }
}
```

执行结果如下。

```
1+2=3
```

return 语句使用说明如下。

- 在一个方法中，允许有多个 return 语句，但每次调用方法时只可能有一个 return 语句被执行，因此方法的执行结果是唯一的；
- return 语句返回值的类型和方法声明中定义的类型应保持一致。如果两者不一致，则以方法定义的类型为准，自动进行类型转换，如无法强制转换将出错；
- 如果方法定义的类型为 void，则在方法中可省略 return 语句。

小结

通过本章的学习，读者应该能够学会：

- 变量、常量是存储数据的内存单元；
- Java 的数据类型分为两类：基本数据类型和对象类型；
- 局部变量在使用之前都必须进行初始化；
- 算术运算符有：+、-、*、/、%、++、--；
- 比较运算符有：>、>=、<、<=、==、!=；

- 逻辑运算符有：!、&&、||；
- 位运算符有：~、&、|、^、>>、>>>、<<；
- 条件运算符又称三元运算符，其形式为"?:"；
- Java 提供算术、比较、关系、逻辑等运算符完成复杂数据运算；
- Java 中可以通过括号()改变运算符的优先级；
- Java 的分支语句有 if-else、switch-case；
- Java 的迭代语句有 for、while、do-while；
- Java 的转移语句有 break、continue、return。

练习

1. Java 语言中，下列标识符错误的是_____。

　A. _sys1　　　　　　B. $_m　　　　　　C. I　　　　　　D. 40name

2. Java 变量中，以下不属于引用类型的数据类型是_____。

　A. 类　　　　　　B. 字符型　　　　　　C. 数组型　　　　　　D. 接口

3. 下面哪一个赋值语句不正确_____。

　A. float f = 11.1　　　　　　　　　　B. double d = 5.3E12

　C. double d = 3.1415　　　　　　　　D. double d = 3.14d

4. 下列语句的输出应该是_____。

```
int x = 4;
System.out.println ("value is"+((x>4)?99.9 : 9);
```

　A. 输出结果为：value is 99.9　　　　B. 输出结果为：value is 9

　C. 输出结果为：value is 9.0　　　　　D. 输出结果为：语法错误

5. 看下面的代码：

```
public class Test{
    public static double foo (double a ,double b){
    return (a>b?a:b);
}
public static void main(string [ ]args){
    system.out.println(foo(3.4 ,6.3));
  }
}
```

下列哪条语句正确描述了程序被编译时的行为_____。

A. 编译成功，输出为"6.3"

B. 编译成功，输出为 3.4

C. 编译器拒绝表达式（a>b?a :b ），因为 Java 程序设计语言不支持"？:"这样的三

元运算符

D. 编译器拒绝表达式 for（3.4，6.3），因为它不对字符串值进行运算

6. for 循环的一般形式为：for(初值;终值;增量)，以下对 for 循环的描述中，正确的是_____。

A. 初值、终值、增量必须是整数

B. for 寻找的次数是由一个默认的循环变量决定

C. for 循环是一种计次循环，每个 for 循环都带有一个内部不可见循环变量，控制 for 循环次数

D. 初值和增量都是赋值语句，终值是条件判断语句

7. 看下面的代码片段：

```
switch(m){
case 0: System.out.println("case 0 ");
case 1: System.out.println("case 1 ");break;
case 2: break;
default: System.out.println("default");
}
```

当输入下面选项中_____值时，将会输出"default"。

A. 0   B. 1   C. 2   D. 3

8. 下面哪种注释方法能够支持 javadoc 命令_____。

A. /**...**/   B. /*...*/

C. //   D. /**...*/

9. Java 语言规定，标识符只能由字母、数字、_____和_____组成，并且第一个字符不能是_____；Java 是_____大小写的。

10. 表达式 1/2*3 的计算结果是_____；设 x = 2，则表达式(x++) / 3 的值是_____。

11. switch 是否能作用在 byte 上，是否能作用在 long 上，是否能作用在 String 上？

12. 计算 1~10 的和，并且打印 1~10 的偶数。

第3章 数 组

本章目标

- ◆ 掌握 Java 中数组的定义
- ◆ 掌握 Java 中数组的使用
- ◆ 掌握 Java 中一维数组的复制方式
- ◆ 掌握数组实现常用线性数据结构
- ◆ 掌握创建和使用二维数组的方法
- ◆ 掌握数组排序算法

学习导航

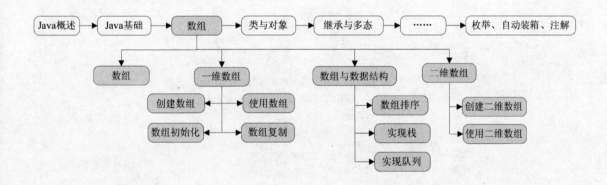

任务描述

【描述 3.D.1】
使用数组存储 5 个整数,并输出其中的最大值。

【描述 3.D.2】
使用冒泡排序对任意 10 个数按照升序排序并打印输出。

【描述 3.D.3】
使用数组实现数据结构中的静态栈结构。

【描述 3.D.4】
使用数组实现数据结构中的静态队列结构。

【描述 3.D.5】
使用数组实现矩阵的存储。

3.1 数组

数组是编程语言中常见的一种数据结构,用来存储一组相同数据类型的数据。可以通过整型索引访问数组中的每一个值。需要注意的是,在一个数组中,所有元素的数据类型必须相同,即在一个数组中,只能用于存储一种数据类型的数据而不允许存储多种数据类型的数据。

根据数组存放元素的组织结构,可将数组分为一维数组、二维数组及多维(三维以上)数组。本章主要讲述一维数组和二维数组。

3.2 一维数组

3.2.1 创建数组

定义一维数组的语法如下。

```
data_type[] varName;
```

或:

```
data_type varName[];
```

其中:

data_type 是数据类型;

varName 是数组名;

[]是一维数组的标识,可放置在数组名前面或后面。

定义一维数组的示例如下,声明几个不同类型的数组。

```
int a[]; // 声明一个整型数组
float b[];// 声明一个单精度浮点型数组
char c[];// 声明一个字符型数组
double d[];// 声明一个双精度浮点型数组
boolean e[];// 声明一个布尔型数组
```

如上述代码所示,此时只是声明了数组变量,在内存中并没有给数组分配空间,因此还不能访问这些数组。要访问数组,需在内存中给数组分配存储空间,并指定数组的长度。如下所示,通过 new 操作符来创建一个整型数组,其长度为100。

```
int[] array = new int[100];
```

通过上面的语句,此时 array 数组中可以存储 100 个整数,系统会在内存中分配 100 个int 类型数据所占用的空间(100×4 个字节)。

访问数组中某个元素的格式如下。

数组名[下标索引]

其中数组的下标索引是从 0 开始。例如，访问 array 数组中的第 1 个元素是 array[0]，访问第 30 个元素是 array[29]，访问第 100 个元素是 array[99]。即要访问数组中第 n 个元素，可以通过 array[n-1]来访问。

数组的长度可以通过 "数组名.length" 来获取。例如，获取 array 数组的长度可以使用 array.length，其返回值为 100。

注意　数组被创建后，它的大小（容量）是不能被改变的，但数组中的各个数组元素是可以被改变的。而且访问数组中的元素时，下标索引不能越界，范围必须在 0 ~ length-1。

下述示例代码演示了一维数组的创建和使用。

【代码 3–1】ArrayLength.java

```java
public class ArrayDemo {
    public static void main(String args[]) {
        // 声明一个整型数组 a
        int a[];
        // 给数组 a 分配 10 个整型空间
        a = new int[10];
        // 定义一个单精度浮点型数组 b，同时给数组分配 5 个浮点型空间
        float b[] = new float[5];
        // 定义一个长度为 20 的字符型数组 c
        char c[] = new char[20];
        // 定义一个长度为 5 的双精度浮点型数组
        double d[] = new double[5];
        // 定义一个长度为 5 的布尔型数组
        boolean e[] = new boolean[5];
        /* 下面输出各数组的数组名，注意输出的内容 */
        System.out.println(a);
        System.out.println(b);
        System.out.println(c);
        System.out.println(d);
        System.out.println(e);
        System.out.println("---------------");
        /* 下面输出各数组中第一个元素的值，注意输出的内容 */
        System.out.println(a[0]);
        System.out.println(b[0]);
        System.out.println(c[0]);
        System.out.println(d[0]);
        System.out.println(e[0]);
        System.out.println("---------------");
```

```
    /* 下面输出各数组的长度 */
    System.out.println("a.length=" + a.length);
    System.out.println("b.length=" + b.length);
    System.out.println("c.length=" + c.length);
    System.out.println("d.length=" + d.length);
    System.out.println("e.length=" + e.length);
  }
}
```

执行结果如下。

```
[I@de6ced
[F@c17164

[D@1fb8ee3
[Z@61de33
---------------
0
0.0

0.0
false
---------------
a.length=10
b.length=5
c.length=20
d.length=5
e.length=5
```

通过执行结果可以分析出，直接输出数组名时会输出一些像"[I@de6ced"这样的信息，这些信息其实是数组在内存空间中的首地址（使用 16 进制显示）。数组在内存中的组织结构如图 3-1 所示，数组名中存放系统为数组分配的指定长度的连续内存空间的首地址。

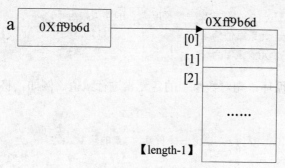

图 3-1　数组在内存中的组织结构

细心的读者会注意到输出字符型数组名时，没有输出该数组的首地址，这是因为在 Java 中会将字符型数组看成一个字符串，输出字符串的内容而不是地址。当数组创建完毕，数组中的元素具有默认初始值,数值类型的数组初始值为 0,布尔类型的为 false,字符型的为 '\0',引用类型的则为 null。

由上述内容总结出创建数组时系统会完成的操作如下。

01 创建一个数组对象。

02 在内存中给数组分配存储空间。

03 初始化数组中的元素值(给数组元素初始化一个相应的数据类型的默认值)。

3.2.2　数组初始化

数组的初始化操作方式有以下两种。

- 静态初始化
- 动态初始化

通过这两种初始化方式可以将数组中的元素初始化为指定值,而非默认的默认值。其中静态初始化,就是在定义数组的时候就对该数组进行初始化,例如:

```
int[] k = {1,3,4,5};
```

上面语句定义了一个整型的数组 k,并用大括号 "{}" 中的值对其初始化,各个数据之间使用 "," 分隔开。此时数组的大小由大括号中数值的个数决定,因此数组 k 的长度为 4。与上面语句功能类似,下面的语句使用匿名数组的方式来静态初始化数组 k。

```
int[] k = new int[]{1,3,4,5};
```

注意　对于静态初始化方式,不要在数组声明中指定数组的大小,否则将引发错误。

所谓动态初始化,就是将数组的定义和数组的初始化分开来进行。

例如,对数组中的各元素分别指定其对应的值。

```
int[] array = new int[2];//定义一个长度为 2 的整型数组
array[0] = 1;//第一个元素赋值为 1
array[1] = 2;//第二个元素赋值为 2
```

也可以利用一个循环语句对数组中的各元素进行赋值。例如,将 1~10 分别赋值到数组中。

```
int[] array = new int[2];// 定义一个长度为 10 的整型数组
for (int i = 0; i < 10; i++) {
        array[i] = i+1;
}
```

3.2.3 使用数组

下述代码用于实现任务描述 3.D.1，使用数组存储 5 个整数，并输出其中的最大值。

【描述 3.D.1】 FindMax.java

```java
public class FindMax {
    public static void main(String[] args) {
        int[] array = { 10, 23, 6, 88, 19 };
        int index = 0;// 最大值索引号，默认为 0
        int max = array[index];// 最大值
        // 寻找最大值
        for (int i = 1; i < array.length; i++) {
            if (array[i] > max) {
                index = i;
                max = array[i];
            }
        }
        System.out.println("最大值为" + max + ", 索引号为" + index);
    }
}
```

执行结果如下。

最大值为 88，索引号为 3

上述代码中对数组进行声明并使用静态初始化方式初始化数组。在查找最大元素时，首先假设最大值为数组的第一个元素，然后与其他元素比较，只要值比 max 中的值大，就将该元素的值赋给 max，以此保证 max 中的值肯定是最大值。

3.2.4 数组复制

在 Java 中，经常会用到数组的复制操作。一般来说，数组的复制是指将源数组的元素一一做副本，赋值到目标数组的对应位置。常用的数组复制方法有以下三种。

■ 使用循环语句进行复制
■ 使用 clone()方法
■ 使用 System.arraycopy 方法

1．使用循环进行复制

使用循环语句访问数组，对其中每个元素进行访问操作，这是最容易理解、也是最常用的数组复制方式。下述代码使用 for 循环实现数组复制功能。

【代码 3-3】ArrayCopyFor.java

```java
public class ArrayCopyFor {
    public static void main(String[] args) {
        int[] array1 = { 1, 2, 3, 4, 5 };
        int[] array2 = new int[array1.length];
        // 复制
        for (int i = 0; i < array1.length; i++) {
            array2[i] = array1[i];
        }
        // 输出 array2 结果
        for (int i = 0; i < array2.length; i++) {
            System.out.print(array2[i] + ",");
        }
    }
}
```

执行结果如下。

```
1,2,3,4,5,
```

2. 使用 clone 方法

在 Java 中，Object 类是所有类的父类，其 clone()方法一般用于创建并返回此对象的一个副本，Java 中认为一切都是"对象"，所以使用该方法也可以实现数组的复制。

使用 clone()方法实现数组复制的示例如下。

【代码 3-4】ArrayCopyClone.java

```java
public class ArrayCopyClone {
    public static void main(String[] args) {
        int[] array1 = { 1, 2, 3, 4, 5 };
        //复制
        int[] array2 = array1.clone();
        //输出 array2 结果
        for (int i = 0; i < array2.length; i++) {
            System.out.print(array2[i]+",");
        }
    }
}
```

执行结果如下。

```
1,2,3,4,5,
```

注意 clone()方法属于 Object 类中的方法，对于 Object 类，在第 5 章会涉及。

3. 使用 System.arraycopy 方法

System.arraycopy()方法是 System 类的一个静态方法，其可以方便地实现数组复制功能，System.arraycopy()方法的结构如下。

```
System.arraycopy(from, fromIndex, to, toIndex, count)
```

该方法共有 5 个参数：from、fromIndex、to、toIndex、count，其含义是将数组 from 中的索引为 fromIndex 开始的元素，复制到数组 to 中索引为 toIndex 的位置，总共复制的元素个数为 count 个。

使用 System.arraycopy()方法实现数组复制的示例如下。

【代码 3-5】ArrayCopy.java

```java
public class ArrayCopy {
    public static void main(String[] args) {
        int[] array1 = { 1, 2, 3, 4, 5 };
        int[] array2 = new int[array1.length];
        // 复制
        System.arraycopy(array1, 0, array2, 0, array1.length);
        // 输出 array2 结果
        for (int i = 0; i < array2.length; i++) {
            System.out.print(array2[i] + ",");
        }
    }
}
```

执行结果如下。

```
1,2,3,4,5,
```

3.3　数组与数据结构

数据结构是计算机存储、组织数据的方式。数据结构已经作为计算机科学中的一门学科，致力于解决计算机数据的最佳组织方式、提高运行效率等问题。本节使用数组实现冒泡排序算法、栈和队列。

3.3.1　数组排序

在编写程序时，经常会碰到算法问题。所谓算法，就是在有限步骤内求解某一个问题所使用的一组定义明确的规则。算法的好坏直接影响到程序的运行效率，因此，选择一个好的算法对于编写高效的程序是至关重要的。本节以编程中常用的冒泡排序算法为例进行讲解。

冒泡排序算法每次比较相邻的数，将较小的数放到前面，较大的数放在后面，这样就可以将这些数中最大的数找出来放到最后，然后比较剩下的数，再在这些数中找出最大的数，直到所有的数字按照从小到大的顺序排列。

下述代码用于实现任务描述 3.D.2，使用冒泡排序对任意 10 个数按照升序排序并打印输出。

【描述 3.D.2】 BubbleSort.java

```java
public class BubbleSort {
    public static void main(String[] args) {
        int arr[] = { 19, 4, 2, 43, 67, 50, 22, 45, 8, 100 };
        // 排序
        for (int i = 0; i < arr.length; i++) {
            for (int j = 0; j < arr.length - i - 1; j++) {
                if (arr[j] > arr[j + 1]) {
                    int temp = arr[j];
                    arr[j] = arr[j + 1];
                    arr[j + 1] = temp;
                }
            }
        }
        // 打印
        for (int i = 0; i < arr.length; i++) {
            System.out.print(arr[i] + ",");
        }
    }
}
```

执行结果如下。

```
2,4,8,19,22,43,45,50,67,100,
```

3.3.2　实现栈

堆栈（Stack），也称为"栈"，是一种简单的、使用广泛的数据结构。堆栈是一种特殊的序列，这种序列只在其中的一头进行数据的插入和删除操作，通常将这头称为"栈顶"，而另一头称为栈底。不含任何数据（元素）的堆栈称为空栈。无论任何时候，对堆栈的操作都是在栈顶进行的：先入栈的元素后出栈。也就是说在堆栈中，堆栈元素（数据）的操作都是遵循"后进先出（Last In First Out，LIFO）"的原则进行的。

下述代码用于实现任务描述 3.D.3，使用数组实现数据结构中的静态栈结构。

【描述 3.D.3】StackDemo.java

```java
public class StackDemo {
    public static void main(String[] args) {
        final int MAX_SIZE = 10;// 栈最大大小
        int top = 0;// 栈顶位置，默认为 0
        int arr[] = new int[MAX_SIZE];// 用数组存储
        // 入栈，1、3、5
        arr[top] = 1;
        top++;
        System.out.println("当前入栈为 1");
        arr[top] = 3;
        top++;
        System.out.println("当前入栈为 3");
        arr[top] = 5;
        top++;
        System.out.println("当前入栈为 5");
        // 出栈
        top--;
        int data = arr[top];
        System.out.println("当前出栈为" + data);
        top--;
        data = arr[top];
        System.out.println("当前出栈为" + data);
    }
}
```

执行结果如下。

```
当前入栈为 1
当前入栈为 3
当前入栈为 5
当前出栈为 5
当前出栈为 3
```

3.3.3　实现队列

　　队列（Queue）是另外一种常用的数据结构。和堆栈不同，队列中的数据遵循"先入先出（First In First Out，FIFO）"的原则。和堆栈中的数据操作总是在栈顶进行不同，在队列中，它的两头都能够进行操作：在队头（front）删除元素，而在队尾（rear）加入元素。

　　下述代码用于实现任务描述 3.D.4，使用数组实现数据结构中的静态队列结构。

【描述 3.D.4】QueueDemo.java

```java
public class QueueDemo {
    public static void main(String[] args) {
        final int MAX_SIZE = 10;// 队列最大大小
        int font = 0;// 队列头部位置，默认为 0
        int rear = 0;// 队列尾部位置，默认为 0
        int arr[] = new int[MAX_SIZE];// 用数组存储
        // 入队，1、3、5
        arr[rear] = 1;
        rear++;
        System.out.println("当前入队为 1");
        arr[rear] = 3;
        rear++;
        System.out.println("当前入队为 3");
        arr[rear] = 5;
        rear++;
        System.out.println("当前入队为 5");
        // 出队
        int data = arr[font];
        font++;
        System.out.println("当前出队为" + data);
        data = arr[font];
        font++;
        System.out.println("当前出队为" + data);
    }
}
```

执行结果如下。

```
当前入队为 1
当前入队为 3
当前入队为 5
当前出队为 1
当前出队为 3
```

对于栈和队列两种数据结构，在 Java 类库中都有对应的类实现，分别是 Stack 和 Queue，因此在编程的过程中不用程序员自己实现这两种算法结构，直接使用就可以。

注意 这里只是讲述数组的应用，关于冒泡排序等排序、栈、队列数据结构的细节，可以参考数据结构的相关书籍或资料。

3.4　二维数组

在 Java 中，因为数组元素可以声明成任何类型，所以数组的元素可以被声明为数组。如果一维数组元素的数据类型还是一维数组的话，这种数组就被称为二维数组。二维数组经常用于解决矩阵之类的问题。

3.4.1　创建二维数组

定义二维数组的语法如下。

```
data_type[][] varName;//如 char[][] ch; 定义一个 char 型二维数组，变量名字为 ch
```

通过上面的方式，仅仅声明了一个数组变量，并没有创建一个真正的数组，因此还不能访问这个数组。和创建一维数组一样，使用 new 来创建二维数组。

当使用 new 来创建多维数组时，不必指定每一维的大小，而只需指定最左边的维的大小就可以了，创建方式如下。

```
int[][] array = new int[10][];
```

在使用二维数组之前，应该先进行初始化。在知道数组元素的情况下，可以直接初始化数组，不必调用 new 来创建数组，这和一维数组的静态初始化类似。

```
int[][] array = {{1,2},{3,4},{5,6}}
```

在使用二维数组的时候，通过指定数组名和各维的索引来引用，例如上面的代码如果要取得 2，就可以使用 array[0][1]来取得。

对二维数组也可以进行动态初始化，代码示例如下。

【代码 3-6】Array2DDemo.java

```java
public class Array2DDemo {
    public static void main(String[] args) {
        // 定义二维数组
        int[][] array = new int[2][2];
        for (int i = 0; i < array.length; i++) {
            for (int j = 0; j < array[i].length; j++) {
                array[i][j] = j + 2 * i + 1;// 把1、2、3、4分别赋给 array[i][j]
            }
        }
        // 输出结果
        for (int i = 0; i < array.length; i++) {
            for (int j = 0; j < array[i].length; j++) {
                System.out.println("array[" + i + "][" + j + "]=" + array[i][j]);
```

```
            }
        }
    }
}
```

执行结果如下。

```
array[0][0]=1
array[0][1]=2
array[1][0]=3
array[1][1]=4
```

代码中使用二维数组 array 保存了两组数字，每组两个。遍历二维数组需要使用两重 for 循环。这里尤其要注意，外层使用 array.length 来结束循环，因为 array.length 表示第一维的长度；内层使用 array[i].length 来结束循环，因为 array[i].length 表示当前正在遍历的一维数组。array[i][j] 表示当前元素。

在上面的代码中，创建二维数组对象后，数组对象在内存中的状态如图 3-2 所示。

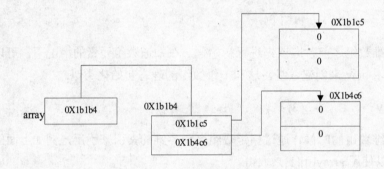

图 3-2　int[][] 类型数组的初始化

从图 3-2 可以看出，array 二维数组实际上是一个包含两个元素的数组，而每个元素又是一个由两个整型组成的数组。

3.4.2　使用二维数组

在数学上，矩阵是指纵横排列的二维数据表格。矩阵中的每个数字可以使用行列标号表示。这正是符合二维数组的特性，所以使用二维数组实现最合适，假设有如下矩阵。

```
1  2  0
4  0  6       ·
0  8  9
```

显然，如果将每个数字看做一个元素，那么这是一个三行三列的二维数组。数组的每个元素已经确定，所以可以使用常量进行初始化。

下述代码用于实现任务描述 3.D.5，使用二维数组实现矩阵的存储。

【描述 3.D.5】MatrixDemo.java

```
public class MatrixDemo {
    public static void main(String[] args) {
        // 用二维数组表示矩阵
        int[][] matrix = { { 1, 2, 0 }, { 4, 0, 6 }, { 0, 8, 9 } };
        // 打印矩阵
        for (int i = 0; i < 3; i++) {
            for (int j = 0; j < 3; j++) {
                System.out.print(matrix[i][j] + " ");
            }
            System.out.println();// 换行
        }
    }
}
```

执行结果如下。

```
1 2 0
4 0 6
0 8 9
```

程序中使用二维数组 matrix 保存矩阵数字。因为是二维数组，所以使用两重 for 循环来输出数组结果。每输出一行后，就使用 System.out.println()换行。

除了二维数组，还可以定义三维数组或更多维的数组，在此不再详细介绍。

小结

通过本章的学习，读者应该能够学会：

- 数组是用来存储一组相同类型数据的有序集合；
- Java 中数组元素通过下标访问，第一个元素从下标 0 开始；
- Java 中数组是静态结构，无法动态增长；
- 数组属于对象范畴，使用.length 属性获取数组的元素个数；
- 数组元素具有初始化默认值，数值类型的是 0，引用类型则是 null；
- 数组的复制可以使用 for 循环、clone()方法或 System.arraycopy()方法；
- Java 二维数组中，不必每个数组元素个数相等；
- 数组必须先分配（new）空间，才能使用；
- 数组可以存储基本类型数据，也可以存储对象类型数据；
- 堆栈（Stack）是一种只在栈顶进行操作的数据结构；

■ 队列（Queue）是一种"先入先出（First In First Out，FIFO）"数据结构，在队头删除元素，在队尾添加元素。

练习

1. 下面声明一个 String 类型的数组，正确的是_____。
   A. char str[]   B. char str[][]
   C. String str[]   D. String str[10]

2. 下面定义一个整型数组，不合法的是_____。
   A. int array[][] = new int[2][3];   B. int array[][] = new int[6][];
   C. int [][] array = new int[3][3];   D. int [][] array = new int[][4];

3. 给定如下代码：

```
int[] array = new int[10];
System.out.println(array[1]);
```

下面叙述正确的是_____。
   A. 在编译的时候，会出现错误   B. 编译通过，但运行时会出现错误
   C. 输出结果为：0   D. 输出结果为：null

4. 数组的长度可以使用其属性_____获得；创建一个数组对象可以使用_____关键字创建。

5. 简述栈和队列的特点。

6. 给定一个数组：int[] array = {12,1,3,34,121,565}；将其元素按照从小到大的顺序打印出来。

第4章 类与对象

本章目标

- 理解 OOP 编程思想
- 掌握 Java 中创建类和对象的方法
- 掌握 Java 的方法重载
- 掌握包的创建和使用方法
- 掌握 Java 访问修饰符的使用
- 掌握静态变量、静态方法的使用
- 掌握内部类的定义和使用

学习导航

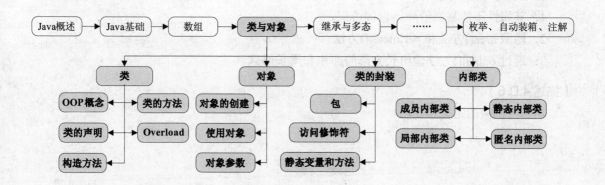

任务描述

【描述 4.D.1】

定义一个长方形（Rectangle）类，有长、宽属性，对每个属性都提供相应的 get/set 方法。

【描述 4.D.2】

在描述 4.D.1 长方形类的基础上，提供构造函数完成长方形信息的初始化。并且定义方法 output() 使用字符界面显示长方形的信息。

【描述 4.D.3】

调整长方形类的定义：

1．增加 area() 方法用于计算长方形的面积。

2．增加 perimeter() 方法用于计算长方形的周长。

【描述 4.D.4】

定义一个静态变量和静态方法，要求能随时统计、输出已用当前类声明的对象的个数。

【描述 4.D.5】

修改长方形类的定义：

1．其属性不能暴露给外界直接访问。

2．隐藏 area() 方法和 perimeter() 方法。

3．通过 output() 方法输出长方形的面积和周长信息。

【描述 4.D.6】

演示内部类的定义和使用。

4.1　类

4.1.1　OOP 概念

面向对象编程（OOP）是当前主流的程序设计范型，是一种编程语言模式，它已经取代了 20 世纪 70 年代早期的"结构化"过程化程序设计开发技术，因为结构化的开发方法制约了软件的可维护性和可扩展性。面向对象编程的组织方式是围绕"对象"，而不是围绕"行为"；围绕数据，而非逻辑。面向对象程序采用的观点是"一切都是对象"。在 OOP 过程中，对象的范围囊括现实世界中客观存在的实体（Entity），从人类认识世界，到现在生物种群的划分，人类潜意识已经按照实体的共同或相似特性将其分类（Class），而通常见到的实体是某个类的一个实例（Instance）。

面向对象分析（OOA）就是以"类"的概念去认识问题、分析问题。面向对象设计（OOD）是在 OOA 的基础上采用数据建模，从而建立所要操作的对象，以及它们之间的联系。OOP 则是在前两者的基础上，对数据模型进一步细化，定义它包含的数据的类型和任何能够操作它的逻辑程序。每个不同的逻辑程序被认为是一个方法。实际应用中，一个类的现实实例被称作一个"对象"，或者被称作一个类的"实例"。对象或者类实例就是要在程序中使用和运行的，它的方法提供计算机指令，对象属性提供相应的数据，通过方法的调用来操作相应的数据。从而使数据得以保护，使开发者与数据隔离而无须获知数据的具体格式（就好像人们要操作微波炉，只需要简单的操作面板就能让线路板协调工作，而不需要知道微波炉线路板的工作原理）。

所有面向对象编程语言都提供面向对象模型的机制，这些机制就是：封装、继承和多态性。

1. 封装

封装就是把对象的属性和方法（行为）结合在一起，并尽可能隐蔽对象的内部细节，形成一个不可分割的独立单位（即对象），对外形成一个边界，只保留有限的对外接口使之与外部发生联系。譬如前面提到的微波炉，将线路板（属性）封装在微波炉内部，使用者无法接触到，而通过面板按钮（方法）间接操控线路板工作。封装的原则在软件上的反映是：要求使对象以外的部分不能随意存取对象的内部数据（属性），从而有效地避免了外部错误对它的"交叉感染"，数据隐藏特性提升了系统安全性。使软件错误能够局部化，减少查错和排错的难度。

2. 继承

继承是软件重用的一种形式，它通过吸收现有类的数据（属性）和方法，并增加新功能或修改现有功能来构建新类。譬如："人"这个类抽象了这个群体的一般特性，"学生"和"老师"都具备"人"所定义的一般性，但其各自又有各自的特殊性，在保持了一般性和特殊性的情况下，作为一个新类而存在。在 Java 语言中，通常称一般类为父类（如："人"），也称为超类，特殊类称为子类（如："学生"和"老师"），特殊类的对象拥有其一般类的全部属性与方法。使用继承不仅节省了程序的开发时间，提高了编码的正确性，还促进了高质量软件的复用。

3. 多态

多态性是指在父类中定义的属性或方法被子类继承之后，可以具有不同的表现行为。这使得同一个属性或方法在父类及其各个子类中具有不同的语义。譬如：动物会"叫"，"猫"和"鸟"都是动物的子类，但其"叫"声是不同的。Java 编程语言中可以通过子类对父类方法的重写实现多态，也可以利用重载在同一个类中定义多个同名的不同方法来实现。

多态的引入大大提高了程序的抽象程度和简洁性，更重要的是它最大限度地降低了类和程序模块之间的耦合性，提高了类模块的封闭性，使得它们不需了解对方的具体细节，就可以很好地共同工作。这个优点对程序的设计、开发和维护都有很大的好处。

4.1.2 类的声明

类是 Java 的核心和本质，是 Java 语言的基础，类定义了一种新的数据类型。多个对象所共有的属性和方法需要组合成一个单元，称为"类"，因此类是具有相同属性和共同行为的一组对象的集合。如果将对象比作房子，那么类就是房子的设计图纸。

一旦定义类，就可以用这种新类型来创建该类型的对象。这样，类就是对象的模板，而对象就是类的一个实例。

从上述描述中可以看到，类由属性和方法（行为）构成。

- 类的属性，对象的特征在类中表示为成员变量，称为类的属性。例如，每一个雇员对象都有姓名、年龄和体重，它们是类中所有雇员共享的公共属性。
- 类的方法是对象执行操作的一种规范。方法指定以何种方式操作对象的数据，是操作的实际实现。

在 Java 中进行类的声明（也称类的定义）语法格式如下。

```
[<access>][<modifiers>] class <class_name>{
[<attribute_declarations>]
[<constructor_declarations>]
[<method_declarations>]
}
```

其中：

<access>占位符用于声明类、属性或方法的访问权限，具体可取 public、protected、private 或默认；

<modifiers>为修饰符，可用的有 abstract、static 或 final 等，这些修饰符用于说明所定义的类有关方面的特性；

class 是 Java 语言关键字，表明这是一个类的定义；

<class_name>是类的名字，类名的命名必须符合标识符命名规范；

<attribute_declarations>是属性（attribute）声明部分；

<constructor_declarations>是构造方法（constructor）声明部分；

<method_declarations>是方法（method）声明部分。

下述代码用于实现任务描述 4.D.1，定义一个长方形（Rectangle）类，有长、宽属性，对每个属性都提供相应的 get/set 方法。

【描述 4.D.1】 Rectangle.java

```java
public class Rectangle {
    /* 长方形宽度 */
    private double width;
    /* 长方形高度 */
    private double length;
    /* 成员变量对应的方法 */
    public double getWidth() {
        return width;
    }
    public void setWidth(double width) {
        this.width = width;
    }
    public double getLength() {
        return length;
    }
    public void setLength(double length) {
        this.length = length;
    }
}
```

上述代码中定义了一个名为"Rectangle"的类，它有两个私有（private）属性，名为"width"和"length"；有四个公共（public）方法，分别为"getWidth()"、"setWidth()"和"getLength()"、"setLength()"。

从结构上分析，类的定义非常简单，类是由属性和方法组成的共同体，类的定义通过 class 关键字声明，其后跟类的名字；类中声明的变量（属性）被称为实例变量（instance variable）或成员变量，定义在类中的方法和属性被称为类的成员（members）。在类中，实例变量由定义在该类中的方法操作和存取，由方法决定该类中的数据如何使用。

注意 如果类被声明为 public，则保存类的文件名要与类名一致。

4.1.3 构造方法

定义完一个类后，可以通过 new 关键字用来创建该类型的对象，用于为对象动态分配（即在运行时分配）内存空间，返回对它的一个引用，并将该内存初始化为默认值。如果想在创建对象时就能完成属性的初始化操作，可以通过 Java 的特殊成员——构造方法（也称为构造函数）完成。

构造方法是对象被创建时初始对象的成员方法。它具有和它所在的类完全一样的名字，构造方法和类的方法类似（见 4.1.4 节定义），只不过构造方法没有返回类型，构造方法的任务是初始化一个对象的内部状态。在提供构造方法的情形下，一旦 new 完成分配和初始化内存，它就将调用构造方法来执行对象初始化。

构造方法的语法结构如下。

```
[<access>][<modifiers>] <class_name>([<argu_list>]){
语句;
}
```

下述代码用于实现任务描述 4.D.2，在任务描述 4.D.1 的基础上，基于两个属性 width 和 length，来创建构造方法，完成长方形信息的初始化。

【描述 4.D.2】 Rectangle.java

```
public class Rectangle {
    /* 长方形宽度 */
    private double width;
    /* 长方形高度 */
    private double length;
    /* 利用 width 和 length 创建构造方法 */
    public Rectangle(double width, double length) {
        this.width = width;
        this.length = length;
    }
    //省略……
}
```

如果在 Java 程序中没有定义任何的构造方法，则编译器将会自动加上一个不带任何参数的构造方法，即默认构造方法，该方法不存在于源程序中，但可以使用。默认构造方法将成员变量的值初始化为默认值，假如上述 Rectangle 类没有提供任何构造方法，则可以进行如下操作。

```
Rectangle rectangle = new Rectangle();
```

一旦创建了自己的构造方法，默认的构造方法将不复存在，上面的语句将无法执行。不过如果想用的话，可以显式的写出来，如下面代码所示。

```
public class Rectangle {
//……省略
```

```
    /* 不带参数的构造方法 */
    public Rectangle() {
    }
//省略……
}
```

注意　构造方法的方法名称必须和类名完全相同，并且没有返回类型，即使是 void 类型
也没有。

4.1.4　类的方法

方法是类行为的体现，其他对象可以根据类的方法对类进行访问。类的方法包括方法的
说明和方法的实现两个部分。

```
[access] [modifiers] <return_type> methodName([<argu_list>]) {
}
```

在类成员方法的定义中，access 为说明方法的访问权限的关键字。返回值类型 return_type
说明该方法运行后的返回值。返回值的类型 return_type 可以为基本数据类型，如 int、float
等，也可以是引用类型，如果没有返回值，则可以定义该方法的返回值类型为 void。另外，
参数列表 argu_list 为使该方法运行需要提供的特定类型的参数。包含在括号体中的部分称为
方法体，用于完成方法功能的实现。

下述代码用于实现任务描述 4.D.2，对 Rectangle 进行扩展，定义方法 output()使用字符界
面显示长方形的信息。

【描述 4.D.2】 Rectangle.java

```
public class Rectangle {
    /* 长方形宽度 */
    private double width;
    /* 长方形高度 */
    private double length;
    /* 利用 width 和 length 创建构造方法 */
    public Rectangle(double width, double length) {
        this.width = width;
        this.length = length;
    }
    //……省略 get 和 set 方法
    /* 输出长方形的长宽信息 */
    public void output() {
        System.out.println("长方形的长为: " + length);
        System.out.println("长方形的宽为: " + width);
    }
```

```
public static void main(String[] args) {
    Scanner scanner = new Scanner(System.in);
    System.out.println("请输入长方形的长:");
    double length = scanner.nextDouble();
    System.out.println("请输入长方形的宽:");
    double width = scanner.nextDouble();
    // 利用构造方法创建一个 Rectangle 类型的对象
    Rectangle rectangle = new Rectangle(width, length);
    //调用 output 方法
    rectangle.output();
    }
}
```

执行结果如下。

```
请输入长方形的长:
3
请输入长方形的宽:
5
长方形的长为: 3.0
长方形的宽为: 5.0
```

这段代码首先在 main 方法中通过定义 Scanner 类型的对象,把长和宽两个值通过控制台获取,然后调用 Rectangle 类的构造方法,并把长和宽的值作为构造方法的参数,创建 Rectangle 类型的对象,然后利用 "对象.方法名" 的调用方式,调用 output 方法,把长方形的长宽信息打印出来。

注意 方法的调用方式为 "对象.方法名",如果该方法由 static 关键字修饰,调用的方式为 "类名.方法名"。

4.1.5 Overload

在 Java 程序中,如果同一个类中存在两个方法同名,在方法签名(signature)(即:参数个数、参数类型、类型排列次序)上一致,将无法编译通过。但在 Java 中多个方法重名是允许的,只要保证方法签名不同即可,这种特性称为重载(overload)。对于重载的方法,编译器是根据方法签名来进行方法绑定的。

方法重载是同一个类中多态性的一种表现,方法重载经常用来完成功能相似的操作。

下述代码定义的 add 方法满足方法重载的原则。

【代码 4-1】MyMath.java

```
public class MyMath {
    public int add(int a, int b) {
```

```
        return a + b;
    }
    public float add(float a, float b) {
        return a + b;
    }
    public double add(double a, double b) {
        return a + b;
    }
}
```

上面代码中,定义了三个方法名字都为 add(),但其在方法签名上没有任何两个是一样的,这时可以通过调用 add()方法,完成整型、浮点型任意搭配的加法操作。

进行方法重载时,有三条原则要遵守:

- 方法名相同;
- 参数列表（个数、类型、顺序）不同;
- 返回值不作为方法签名。

注意　方法的返回值不是方法签名（signature）的一部分,因此进行方法重载的时候,不能将返回值类型的不同当成两个方法的区别。

4.2　对象

4.2.1　对象的创建

当创建完一个类时,就创建了一种新的数据类型。可以使用这种类型来声明该种类型的对象。要获得一个类的对象一般需要两步:

第一步,声明该类类型的一个变量,它只是一个能够引用对象的简单变量;

第二步,创建该对象的实际物理复制（即在内存中为该对象分配地址空间）,并把该对象的引用赋给该变量。这是通过使用 new 运算符实现的。

在 Java 中,所有的类对象都必须动态分配。

参照 Rectangle 类,在完成类的定义之后,可以使用下面的语句创建 Rectangle 类的实例。

```
Rectangle rectangle = new Rectangle(3,5);
```

或:

```
Rectangle rectangle;
rectangle = new Rectangle(3,5);
```

上面代码的作用是建立并初始化了一个 Rectangle 类型的对象,以对象 rectangle 为例,讲解引用类型数据的初始化过程。

▶**01** 当执行"Rectangle rectangle;"时，系统为引用类型变量 rectangle 分配内存空间，此时只是定义了变量，还未进行初始化工作，如图 4-1 所示。

图 4-1　步骤 1 执行后的内存情况

▶**02** 执行语句"rectangle = new Rectangle(3,5);"，先调用构造方法创建一个 Rectangle 类型的对象，即为新对象分配内存空间来存储该对象所有属性(width,length)，并对各属性的值进行默认的初始化，此时内存中的情况如图 4-2 所示。

rectangle		width	0
		length	0

图 4-2　步骤 2 执行后的内存情况

▶**03** 接下来会执行 Rectangle 类的构造方法，继续此新对象的初始化工作，构造方法中又要求对新构造的对象的成员变量进行赋值，此时，width 和 length 的值变成了"3"、"5"，如图 4-3 所示。

rectangle		width	3
		length	5

图 4-3　步骤 3 执行后的内存情况

▶**04** 至此，一个 Rectangle 类型的新的对象的构造和初始化构造已经完成。最后在执行"rectangle = new Rectangle(3,5);"中的"="号赋值操作，将新创建的对象内存空间的首地址赋给 Rectangle 类型的变量 rectangle，如图 4-4 所示。

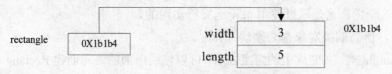

图 4-4　步骤 4 执行后的内存情况

于是引用类型变量 rectangle 和一个具体的对象建立了联系，变量 rectangle 称为该对象的一个引用。

4.2.2　使用对象

当分配完一个对象后，可以用点操作符"."来实现对属性和方法的访问，访问一般形式如下。

```
//访问对象的属性
classInstance.attribute;
//访问对象的方法
classInstance.method();
```

参照 Rectangle 类，可以使用如下语句访问对象的方法或属性。

```
public static void main(String[] args) {
    //……代码省略
    // 利用构造方法创建一个 Rectangle 类型的对象
    Rectangle rectangle = new Rectangle(width, length);
    //调用 output 方法
    rectangle.output();
}
```

下述代码用于实现任务描述 4.D.3，对 Rectangle 进行扩展，增加 area()方法用于计算长方形的面积，增加 perimeter()方法用于计算长方形的周长。

【描述 4.D.3】 Rectangle.java

```
public class Rectangle {
    /* 长方形宽度 */
    private double width;
    /* 长方形高度 */
    private double length;
    /* 利用 width 和 length 创建构造方法 */
    public Rectangle(double width, double length) {
        this.width = width;
        this.length = length;
    }
    //……省略代码
    /* 计算长方形的周长 */
    public double perimeter() {
        return 2 * (width + length);
    }
    /* 计算长方形的面积 */
    public double area() {
        return width * length;
    }
    public static void main(String[] args) {
        //……省略代码
        // 利用构造方法创建一个 Rectangle 类型的对象
```

```
        Rectangle rectangle = new Rectangle(width, length);
        //……省略代码
        System.out.println("长方形的面积为: "+rectangle.area());
        System.out.println("长方形的周长为: "+rectangle.perimeter());
    }
}
```

执行结果如下。

```
请输入长方形的长:
3
请输入长方形的宽:
5
//省略
长方形的面积为: 15.0
长方形的周长为: 16.0
```

上述代码，在 main 方法中创建了一个 Rectangle 类型的变量 rectangle，并把创建好的对象的引用赋予 rectangle，利用控制台传入的数值分别把该对象的两个成员变量 width 和 length 进行初始化。最后利用 area 方法和 perimeter 方法进行运算，并打印出相应的结果。

4.2.3　对象参数

在 Java 编程语言中，给方法传递参数的方式有两种。

■ 按值传递（call by value）
■ 引用传递（call by reference）

第一种方式按值传递（call by value）是将要传递的参数的值传递给被调方法，被调方法通过创建一份新的内存拷贝来存储传递的值，然后在内存拷贝上进行数值操作，所以按值传递不会改变原始参数的值。在 Java 中，当传递基本数据类型的参数给方法时，它是按值传递的，示例代码如下。

```
public class CallByValue {
    public static void main(String[] args) {
        int num = 5;
        System.out.println("调用 change 方法前 : " + num);
        //创建一个 CallByValue 类型的对象
        CallByValue callByValue = new CallByValue();
        callByValue.change(num);
        System.out.println("调用 change 方法后 : " + num);
    }
    /*定义 change 方法*/
```

```
    public  void change(int num) {
        num += 5;
        System.out.println("在 change 中 num 的值为 : " + num);
    }
}
```

执行结果如下。

```
调用 change 方法前 : 5
在 change 中 num 的值为 : 10
调用 change 方法后 : 5
```

通过运行结果可以看出，num 在 change()前后的值没有发生变化。

第二种传递参数的方式引用传递，call by reference 是将参数的引用（类似于 C 语言的内存指针）传递给被调方法，被调方法通过传递的引用值获取其指向的内存空间，从而在原始内存空间直接进行操作，这样将导致原始内存空间状态的修改。在 Java 内部，一般传递引用类型参数给方法时，它是按引用传递的，示例代码如下。

【代码 4-2】Test.java

```
class CallByRef {
    int a, b;
    CallByRef(int i, int j) {
        a = i;
        b = j;
    }
    void change(CallByRef obj) {
        obj.a = 50;
        obj.b = 40;
        System.out.println("在 change 方法中  obj.a=" + obj.a + ",obj.b=" + obj.b);
    }
}
public class Test {
    public static void main(String[] args) {
        CallByRef obj = new CallByRef(15, 20);
        System.out.println("调用 change 方法前  obj.a=" + obj.a + ",obj.b=" + obj.b);
        obj.change(obj);
        System.out.println("调用 change 方法后  obj.a=" + obj.a + ",obj.b=" + obj.b);
    }
}
```

执行结果如下。

```
调用 change 方法前  obj.a=15,obj.b=20
```

```
在 change 方法中   obj.a=50,obj.b=40
调用 change 方法后   obj.a=50,obj.b=40
```

通过执行结果可以看出，obj 在 change()前后的内存状态发生了变化，因为被传递的值是一个对象，main()中的 obj 和 change()中的 obj（在调用 change()方法后）都指向同一个内存空间。

4.3 类的封装

4.3.1 包

在项目开发中，为了避免类名的重复，Java 允许使用包（package）将类组织起来。借助于包可以方便地组织管理类，并将自定义的类与其他的类库分开管理。Java 就是使用包来管理类库的，如：java.lang、java.util 等，在 Java 提供的类库里有两个 Date 类，但其分别属于 java.util 包和 java.sql 包，所以能够同时存在。

使用包维护类库比较简单，只要保证在同一个包下不存在同名的类即可。创建一个包也比较简单：只要将 package 命令作为一个 Java 源文件的第一句就可以，该文件中定义的任何类将属于指定的包。示例代码如下。

```
package mypackage;
public class Rectangle{
......
}
```

这里声明了一个包，名称为 mypackage，Java 用文件系统目录来存储包，此例中任何声明了 package mypackage 的类，其编译的字节码文件都被存储在一个 mypackage 目录中。在 Java 中，还可以创建多级包，多级包名使用 "." 来分割，示例代码如下所示。

```
package mypackage.school;
public class Student{
......
}
```

其在文件系统的表现形式将是嵌套目录，即 mypackage 目录下有一个名为 school 的子目录，所有声明了 package mypackage.school 的类，其编译结果都被存储在 school 子目录下。

多个文件可以包含相同的 package 声明。package 声明仅仅指定了文件中定义的类属于哪一个包。

注意 在文件系统中，包的表现形式为目录，但并不等同于手工创建目录然后将类复制过去，必须保证类中声明的包名与目录一致才行。为保证包名的唯一性，Sun 公司建议将公司的网址域名以逆序的形式作为包名，在此基础上根据项目、模块等创建不同的子包。如：com.haiersoft.ch04。

当定义完一个类，就可以在其他类中进行访问，一个类可以访问其所在包的所有类。对于其他包的类可以采用两种方式访问，第一种方式是使用 import 语句导入要访问的类，示例如下。

```
import java.util.*;
import mypackage.school.Student;
```

第一行使用 "*" 指明导入 java.util 包中的所有类，第二行指明导入 mypackage.school 包中的 Student 类。这样就可以执行如下代码，访问程序中所需要的类了。

```
Date now = new Date();
Student tom = new Student();
```

第二种方式是，在使用的类名前直接添加完整的包名。如：上面的代码还可以这样。

```
java.util.Date now = new java.util.Date();
mypackage.school.Student tom = new mypackage.school.Student();
```

使用此种方式的优势是当程序中导入了两个或多个包中同名的类后，如：

```
import java.util.*;
import java.sql.*;
```

再使用：

```
Date now = new Date();
```

编译器将无法确定使用哪个 Date 类，此种情况可以使用如下方式来解决。

```
java.util.Date  now = new java.util.Date() ;
java.sql.Date  sqlNow = new java.sql.Date();
```

> **注意** 上面所有代码中所提及的类都指公共类（public 修饰的），其他修饰符声明的类的访问将在 4.3.2 节详细介绍。* 指明导入当前包的所有类，不能使用类似于 java.* 的语句来导入以 java 为前缀的所有包的所有类。

4.3.2 访问修饰符

如果允许用户对属性直接访问，无异于将微波炉的线路板暴露给用户，这样会引起一些不必要的问题。Java 中为了将数据有效地保护起来，提供了访问修饰符，用来声明、控制属性、方法乃至类本身的访问，以实现隐藏一个类的实现细节，防止对封装数据未经授权的访问，此种形式称为"封装"。

引入封装，使用者只能通过事先定制好的方法来访问数据，可以方便地加入控制逻辑，限制对属性的不合理操作，有利于保证数据的完整性。实现封装的关键是不让外界直接与对象属性交互，而是要通过指定的方法操作对象的属性，如图 4-5 所示。

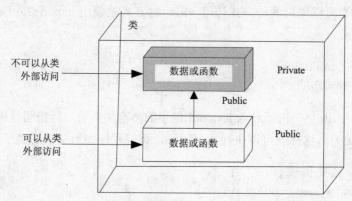

图 4-5　类的封装

Java 中定义了 private（私有的）、protected（受保护的）和 public（公共的）的访问修饰符，同时也定义了一个默认的访问级别，用于声明类、属性、方法的访问权限。明确访问修饰符的限制是用好"封装"的关键。

- 使用 public 访问修饰符，类的成员可被同一个包或不同包中的所有类访问，也就是说，public 访问修饰符可以使类的特性公用于任何类；
- 使用 protected 访问修饰符允许类本身、同一个包中的所有类和不同包中的子类访问；
- 如果一个类或类的成员前没有任何访问修饰符时，它们获得默认的访问权限，默认可以被同一个包中的其他类访问；
- private 访问修饰符是限制性最大的一种访问修饰符，被声明为 private 的成员只能被此类中的其他成员访问，不能在类外看到。

Java 的访问修饰符可访问性如表 4-1 所示。

表 4-1　访问修饰符可访问性

访问控制	private 成员	默认成员	protected 成员	public 成员
同一类中成员	√	√	√	√
同一包中其他类	×	√	√	√
不同包中子类	×	×	√	√
不同包中非子类	×	×	×	√

下面将通过实例来说明访问修饰符的使用，具体访问的可行性可参考注释。

定义 MyClass1 类结构如下。

【代码 4-3】MyClass1.java

```
package p1;
```

```
public class MyClass1 {
    public int a = 5;
    private int b = 10;
    protected int c = 20;
    int d = 30;
    public void func1() {
        System.out.println("func1");
    }
    private void func2() {
        System.out.println("func2");
        System.out.println(b);
    }
    protected void func3() {
        System.out.println("func3");
    }
    void func4() {
        System.out.println("func4");
    }
}
```

接着定义 MyClass2 类结构如下。

【代码 4-4】MyClass2.java

```
package p1;
class MyClass2 {
    public void func1() {
        System.out.println("func1 of MyClass2");
    }
}
```

现在定义 Test 类，假如将 Test 类放在与 MyClass1 同一个包 p1 下，在 Test 中访问 MyClass1、MyClass2 及其成员的可行性如下。

【代码 4-5】Test.java

```
package p1;
public class Test {
    public void func() {
        MyClass1 obj1 = new MyClass1();
        // 公共属性，任何地方都可以访问
        System.out.println(obj1.a);
        // Error，b 为私有属性，类外无法访问
        System.out.println(obj1.b);
```

```
        // 受保护属性，同包的类可以访问
        System.out.println(obj1.c);
        // 默认属性，同包的类可以访问
        System.out.println(obj1.d);
        // 公共方法，任何地方都可以访问
        obj1.func1();
        // Error，func2 为私有属性，类外无法访问
        obj1.func2();
        // 受保护方法，同包的类可以访问
        obj1.func3();
        // 默认方法，同包的类可以访问
        obj1.func4();
        // 同一包中的默认类可以访问
        MyClass2 obj2 = new MyClass2();
    }
}
```

假如将 Test 类放在与 MyClass1 和 MyClass2 不同包下，在 Test 中访问 MyClass1、MyClass2 及其成员的可行性如下。

【代码 4-6】Test.java

```
package p2;
import p1.MyClass1;
import p1.MyClass2;
public class Test {
    public void func() {
        MyClass1 obj1 = new MyClass1();
        // 公共属性，任何地方都可以访问
        System.out.println(obj1.a);
        // Error，b 为私有属性，类外无法访问
        System.out.println(obj1.b);
        // 受保护属性，同包的类可以访问
        System.out.println(obj1.c);
        // 默认属性，同包的类可以访问
        System.out.println(obj1.d);
        // 公共方法，任何地方都可以访问
        obj1.func1();
        // Error，func2 为私有属性，类外无法访问
        obj1.func2();
        // 受保护方法，同包的类可以访问
        obj1.func3();
        // 默认方法，同包的类可以访问
        obj1.func4();
```

```
        // 同一包中的默认类可以访问
        MyClass2 obj2 = new MyClass2();
    }
}
```

在引入继承的情形下，假如将 Test 类放在与 MyClass1 和 MyClass2 不同包下，在 Test 中访问 MyClass1、MyClass2 及其成员的可行性如下。

【代码 4-7】Test.java

```
package p3;
import p1.MyClass1;
//Error, 不在同一包中的非公共类无法访问
import p1.MyClass2;
public class Test extends MyClass1 {
    public void func() {
        // 公共属性，任何地方都可以访问
        System.out.println(a);
        // Error, b 为私有属性，类外无法访问
        System.out.println(b);
        // 继承可访问父类的受保护属性
        System.out.println(c);
        // Error, d 为默认属性，不同包类外无法访问
        System.out.println(d);
        // 公共方法，任何地方都可以访问
        func1();
        // Error, func2 为私有方法，类外无法访问
        func2();
        // 继承可访问父类的受保护方法
        func3();
        // Error, func4 为默认方法，不同包类外无法访问
        func4();
        // Error, 不在同一包中的非公共类无法访问
        MyClass2 obj2 = new MyClass2();
    }
}
```

4.3.3 静态变量和方法

在 Java 中，可以将一些成员限制为"类相关"的，而前面介绍的成员（属性和方法）是"实例相关"的，即"实例相关"的成员描述的单个实例的状态和方法，其使用必须要通过声明实例来完成，而"类相关"则是在类的成员如方法、属性乃至代码块前面加上"static"关键字，从而直接通过类名就可以访问，前面使用的 Arrays.sort()、Integer.parseInt()就是这样

的实例。与类相关的变量或方法称为类变量或类方法，与实例相关的变量或方法称为实例变量或实例方法。

如需定义静态成员，只需借助于"static"关键字即可。

下述代码用于实现任务描述 4.D.4，定义一个静态变量和静态方法，要求能随时统计、输出已用当前类声明的对象的个数。

【描述 4.D.4】 InstanceCounter.java

```java
public class InstanceCounter {
    // 用于统计创建对象的个数
    public static int count = 0;
    public InstanceCounter() {
        count++;
    }
    // 用于输出 count 的个数
    public static void printCount() {
        System.out.println("创建的实例的个数为: " + count);
    }
    public static void main(String[] args) {
        for (int i = 0; i < 100; i++) {
            InstanceCounter counter = new InstanceCounter();
        }
        InstanceCounter.printCount();
    }
}
```

上述代码中定义了一个静态变量 count，该变量对于 InstanceCounter 而言只有一份内存拷贝，对于该类对应的对象而言，它们对 count 变量是共享的。也就是说，定义 100 个 InstanceCounter 类的实例，它们共享一个 count 变量，而不属于任何实例。可以通过类名访问类的静态成员，也可以通过实例访问类的静态成员。

执行结果如下。

```
创建的实例的个数为: 101
```

静态变量用得比较少，但静态常量却经常使用，常用于项目中使用的常量类。

```java
public class Constaints {
    public static final String USERNAME = "root";
    public static final String PASSWORD = "12345";
}
```

此段代码定义了两个静态常量（final 修饰），这样在使用的时候就可以直接通过 Constaints.USERNAME 来访问。

下述代码用于实现任务描述 4.D.5，对 Rectangle 进行修改，隐藏 area 和 perimeter，利用 output 来输出长方形的面积和周长。

【描述 4.D.5】 Rectangle.java

```java
public class Rectangle {
    /* 长方形宽度 */
    private double width;
    /* 长方形高度 */
    private double length;
    //……构造方法和 getter,setter 方法省略
    /* 输出长方形的长宽信息 */
    public void output() {
        System.out.println("长方形的面积为："+area());
        System.out.println("长方形的周长为："+perimeter());
    }
    /* 计算长方形的周长 */
    private double perimeter() {
        return 2 * (width + length);
    }
    /* 计算长方形的面积 */
    private double area() {
        return width * length;
    }
    public static void main(String[] args) {
        Scanner scanner = new Scanner(System.in);
        System.out.println("请输入长方形的长:");
        double length = scanner.nextDouble();
        System.out.println("请输入长方形的宽:");
        double width = scanner.nextDouble();
        // 利用构造方法创建一个 Rectangle 类型的对象
        Rectangle rectangle = new Rectangle(width, length);
        // 调用 output 方法
        rectangle.output();
    }
}
```

执行结果如下。

```
请输入长方形的长:
3
请输入长方形的宽:
5
长方形的面积为：15.0
```

长方形的周长为：16.0

上面代码中的 area 和 perimeter 方法都使用 private 修饰，所以在类的外部是隐藏的，也就是说，外部类不能直接调用这两个方法，但这两个方法与 output 方法处在一个类中，所以如果要打印出长方形的面积和周长就必须借助 output 方法访问两个方法，从而达到想要的结果。

4.4　内部类

内部类是指在一个外部类的内部再定义一个类。内部类作为外部类的一个成员，并且依附于外部类而存在的。引入内部类的主要原因有：

- 内部类能够隐藏起来，不为同一个包的其他类访问；
- 内部类可以访问其所处外部类的所有属性；
- 在回调方法处理中，匿名内部类尤为便捷，特别是 GUI 中的事件处理。

Java 内部类主要有成员内部类、局部内部类、静态内部类、匿名内部类四种。

4.4.1　成员内部类

内部类的定义结构很简单，就是在"外部类"的内部定义一个类。

下述代码用于实现任务描述 4.D.6，定义一个成员内部类，并演示其使用方法。

【描述 4.D.6】OuterClass1.java

```
public class OuterClass1 {
    private int i = 10;
    private int j = 20;
    private static int count = 0;
    public static void func1() {}
    public void func2() {}
    // 成员内部类中，不能定义静态成员
    // 成员内部类中，可以访问外部类的所有成员
    class InnerClass {
        // 内部类中不允许定义静态变量
        // static int inner_i = 100;
        int j = 100; // 内部类和外部类的实例变量可以共存
        int k = 1;
        void innerFunc1() {
            System.out.println("内部类中 k 值为："+k);
            // 在内部类中访问内部类自己的变量直接用变量名
            System.out.println("内部类中 j 值为："+j);
```

```
        // 在内部类中访问内部类自己的变量也可以用 this.变量名
        System.out.println("内部类中 j 值为: "+this.j);
        // 在内部类中访问外部类中与内部类同名的实例变量用 "外部类名.this.变量名"
        System.out.println("外部类中 j 值为: "+OuterClass.this.j);
        // 如果内部类中没有与外部类同名的变量, 则可以直接用变量名访问外部类变量
        System.out.println("外部类中 count 值为: "+count);
        func1();
        func2();
    }
}
    // 外部类的非静态方法访问成员内部类
    public void func3() {
        InnerClass inner = new InnerClass();
        inner.innerFunc1();
    }
    public static void main(String[] args) {
        // 内部类的创建原则是, 首先创建外部类对象, 然后通过此对象创建内部类对象
        // 静态的内部类则不需要外部类对象的引用
        OuterClass out = new OuterClass();
        OuterClass.InnerClass outin1 = out.new InnerClass();
        outin1.innerFunc1();
        // 也可将创建代码合并在一块
        OuterClass.InnerClass outin2 = new OuterClass().new InnerClass();
        outin2.innerFunc1();
    }
}
```

上述代码中，在 OuterClass 中定义了一个 InnerClass，其存在形式与 OuterClass 的成员变量和方法并列，故称为成员内部类。内部类是一个编译时的概念，一旦编译成功，就会成为完全不同的两类。对于上述代码，编译完成后出现 OuterClass.class 和 OuterClass$InnerClass.class 两个类。具体使用及访问形式可参看上面代码注释。

内部类也可以用访问修饰符修饰，如在 InnerClass 前加入如下代码则不能在 OuterClass 的范围之外访问 InnerClass 了。

```
private class InnerClass{
}
```

4.4.2　局部内部类

在方法中定义的内部类称为局部内部类。与局部变量类似，局部内部类不能用 public 或 private 访问修饰符进行声明。它的作用域被限定在声明该类的方法块中。局部内部类的优势在于，它可以对外界完全隐藏起来，除了所在的方法之外，对其他方法而言是透明的。此外

与其他内部类比较，局部内部类不仅可以访问包含它的外围类的成员，还可以访问局部变量，但这些局部变量必须被声明为 final。

下述代码用于实现任务描述 4.D.6，定义一个成员内部类，并演示其使用方法。

【描述 4.D.6】OuterClass2.java

```java
public class OuterClass2 {
    private int s = 10;
    private int k = 0;
    public void func1() {
        final int s = 20;
        final int j = 1;
        // 局部内部类
        class InnerClass {
            int s = 30;// 可以定义与外部类同名的变量
            // static int m = 20;//不可以定义静态变量
            void innerFunc() {
                // 如果内部类没有与外部类同名的变量,在内部类中可以直接访问外部类的实例变量
                System.out.println("外围类成员:"+k);
                // 可以访问外部类的局部变量(即方法内的变量)，但是变量必须声明为 final
                System.out.println("常量:"+j);
                // 如果内部类中有与外部类同名的变量，直接用变量名访问的是内部类的变量
                System.out.println("常量:"+s);
                // 用 this.变量名访问的也是内部类变量
                System.out.println("常量:"+this.s);
                // 用外部类名 this.内部类变量名访问的是外部类变量
                System.out.println("外部类成员变量:"+OuterClass2.this.s);
            }
        }
        new InnerClass().innerFunc();
    }
    public static void main(String[] args) {
        // 访问局部内部类必须先定义外部类对象
        OuterClass2 out = new OuterClass2();
        out.func1();
    }
}
```

执行结果如下。

```
外围类成员:0
常量:1
常量:30
常量:30
外部类成员变量:10
```

注意　局部内部类只能访问定义为 final 的局部变量。

4.4.3　静态内部类

当内部类只是为了将其隐藏起来，不需要内部类对象与其外围类对象之间有联系，可以将内部类声明为 static。示例代码如下。

【代码 4-8】OutClass3.java

```java
public class OutClass3 {
    private static int i = 1;
    private int j = 10;
    public static void func1() {
    }
    public void func2() {
    }
    // 静态内部类可以用 public、protected、private 修饰
    // 静态内部类中可以定义静态或者非静态的成员
    static class InnerClass {
        static int inner_i = 100;
        int inner_j = 200;
        static void innerFunc1() {
            // 静态内部类只能访问外部类的静态成员(包括静态变量和静态方法)
            System.out.println("Outer.i" + i);
            func1();
        }
        void innerFunc2() {
            // 静态内部类不能访问外部类的非静态成员(包括非静态变量和非静态方法)
            // System.out.println("Outer.i"+j);
            // func2();
        }
    }
    public static void func3() {
        // 外部类访问内部类的非静态成员：实例化内部类即可
        InnerClass inner = new InnerClass();
        inner.innerFunc2();
        // 外部类访问内部类的静态成员：内部类.静态成员
        System.out.println(InnerClass.inner_i);
        InnerClass.innerFunc1();
    }
    public static void main(String[] args) {
        new OutClass3().func3();
        // 静态内部类的对象可以直接生成
```

```
        OutClass3.InnerClass inner = new OutClass3.InnerClass();
        inner.innerFunc2();
    }
}
```

注意　静态内部类可以用 public、protected、private 修饰，不能从嵌套类的对象中访问非静态的外围类对象。

静态内部类和普通内部类的区别如下。

- **静态内部类**：内部类对象可以与外部类对象没有联系，在静态内部类中不能访问外部类的非静态成员。
- **普通内部类**：对象隐含地保存了一个引用，指向创建它的外围类对象。

 ## 4.4.4　匿名内部类

将局部内部类特殊化——如果只创建一个类的一个对象，可以考虑匿名内部类，在 GUI 事件处理中大量用到。匿名内部类就是没有名字的内部类。

例如：

```
JButton button = new JButton("button");
    button.addActionListener(new ActionListener(){
        public void actionPerformed(ActionEvent e){
            System.out.println("Button Clicked");
        }
    });
```

上述代码的含义是：创建一个实现 ActionListener 接口类的新对象，需要实现的方法 actionPerformed 定义在括号{}内。

注意　接口的定义与说明在第 5 章中讲解。

下述情况可以考虑匿名内部类：

- 只用到类的一个实例；
- 类在定义后马上用到；
- 类非常小。

在使用匿名内部类时，要记住以下几个原则：

- 匿名内部类不能有构造方法；
- 匿名内部类不能定义任何静态成员、方法和类；
- 只能创建匿名内部类的一个实例；
- 一个匿名内部类一定跟在 new 的后面，创建其实现的接口或父类的对象。

小结

通过本章的学习，读者应该能够学会：

- 类是具有相同属性和方法的对象的抽象定义；
- 对象是类的一个实例，拥有类定义的属性和方法；
- Java 中通过关键字 new 创建一个类的实例对象；
- 构造方法可用于在 new 对象时初始化实例信息；
- 类的方法和构造方法都可以重载定义；
- 访问修饰符用来限制类的信息（属性和方法）的封装层次；
- Java 中的访问修饰符有 public、protected 和 private；
- 包可以使类的组织层次更鲜明；
- Java 中使用 package 定义包，使用 import 导入包；
- 静态变量和静态方法"从属"于类，通过类名调用；
- 内部类是局限于某个类或方法访问的独有的类，其定义与普通类一致；
- 匿名内部类不能有构造方法，不能定义任何静态成员、方法和类，只能创建匿名内部类的一个实例。

练习

1. 在 java 中，引用对象变量和对象间之间的关系是＿＿＿。
   A. 对象与引用变量的有效期不一致，当引用变量不存在时，编程人员必须动手将对象删除，否则会造成内存泄露
   B. 对象与引用变量的有效期是一致的，当引用变量不存在时，它所指向的对象也会自动消失
   C. 对象与引用变量的有效期是一致的，不存在没有引用变量的对象，也不存在没有对象引用变量
   D. 引用变量是指向对象的一个指针

2. 下列关于面向对象的程序设计的说法中，不正确的是＿＿＿。
   A. "对象"是现实世界的实体或概念在计算机逻辑中的抽象表示
   B. 在面向对象程序设计方法中，其程序结构是一个类的集合和各类之间以继承关系联系起来的结构
   C. 对象是面向对象技术的核心所在，在面向对象程序设计中，对象是类的抽象
   D. 面向对象程序设计的关键设计思想是让计算机逻辑来模拟现实世界的物理存在

3. 构造方法何时被调用＿＿＿。
   A. 类定义时   B. 创建对象时
   C. 调用对象方法时   D. 使用对象的变量时

4. 在 Java 中，根据你的理解，下列哪些方法可能是类 Orange 的构造函数（选择三项）
    ____。

    A. Orange(){…}   B. Orange(…){…}

    C. public void Orange(){…}   D. public Orange(){…}

    E. public OrangeConstuctor(){…}

5. 在 Java 语言中，在包 p1 中包含包 p2，类 A 直接隶属于 p1，类 B 直接隶属于包 p2。
    在类 C 中要使用类 A 的方法和类 B 的方法 B，需要选择（选择两项）____。

    A. import p1.*;   B. import p1.p2.*;

    C. import p2.*;   D. import p2.p1.*;

6. Java 中，访问修饰符限制性最高的是____。

    A. private   B. protected

    C. public   D. friendly

7. 给定下面代码：

```
1. public class Outer{
2. public void someOuterMethod() {
3. // Line 3
4. }
5. public class Inner{}
6. public static void main( String[]argv ) {
7. Outer o = new Outer();
8. // Line 8
9. }
10. }
```

下面哪些是实例化一个 Inner 类型的对象（多选）____。

    A. new Inner(); // At line 3   B. new Inner(); // At line 8

    C. new o.Inner(); // At line 8   D. new Outer.Inner(); // At line 8

8. 构造方法与一般方法有何区别？

9. Anonymous Inner Class（匿名内部类）是否可以 extends（继承）其他类，是否可以
    implements（实现）interface（接口）？

10. 内部类可以引用包含它的类的成员吗？有没有什么限制？

11. 编写一个程序，计算箱子的体积，将每个箱子的高度、宽度和长度参数的值传递给
    构造方法，计算并显示体积。

12. 编写 Point 类，有两个属性 x、y，一个方法 distance(Point p1,Point p2)，计算两者之
    间的距离。

13. 写一个 Book 类，有 name、pages 两个属性。在构造函数中初始化两个属性值。使用
    循环十次，在一个 HashMap 对象中放入十本书，以编号为键，Book 对象为值。编号
    分别为 SA001，SA002，…，SA010；书名分别为 SOFT_A，SOFT_B，SOFT_C，…；
    页数分别为 1，3，5，…；最后输出编号为 SA008 的书名和页数。

第5章　继承与多态

本章目标

- 理解继承和多态的概念
- 掌握继承、多态的实现和使用
- 掌握 null、this、super、final 关键字的使用
- 理解抽象类和接口的含义
- 掌握抽象类、接口的实现和使用
- 掌握 Object 类

学习导航

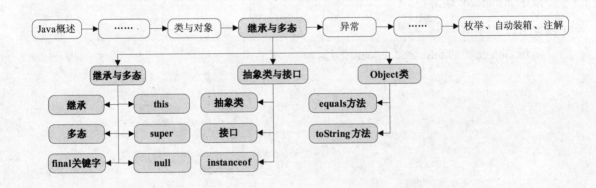

任务描述

【描述 5.D.1】

演示继承关系。

【描述 5.D.2】

演示在继承关系中构造方法的调用次序。

【描述 5.D.3】

演示在继承关系中的多态性（override）。

【描述 5.D.4】

演示抽象类的定义及使用。

【描述 5.D.5】

演示接口定义及使用。

【描述 5.D.6】

演示 instanceof 运算符。

【描述 5.D.7】

演示 Object 类的 toString、equals 方法。

5.1　继承与多态

在 Java 中，类之间常见的关系如下：

- **依赖**（use-a）：依赖是一种常见的类之间的关系，如果在一个类 A 的方法中操作另外一个类 B 的对象，那么类 A 依赖于类 B；
- **聚合**（has-a）：聚合表现的则是类 A 包含类 B 的关系，如：一个 Car 类的对象包含一个 Motor（发动机）的对象，从而构成完整的对象；
- **继承**（is-a）：继承表现的是一种共性与特性的关系，如果类 B 和类 C 继承自类 A，那么类 A 规定了类 B 和类 C 的共性，类 B 和类 C 在继承类 A 的基础上可以添加自己的特性。

5.1.1　继承

继承是面向对象编程的一项核心技术，是面向对象编程技术的一块基石，它允许创建分等级层次的类。运用继承，能够创建一个通用类，它定义了一系列相关项目的一般特性，该类可以被更具体的类继承，并且这些具体的类可以增加一些自己特有的属性和方法，以满足新的需求。

在 Java 中，被继承的类叫父类（parent class）或超类（super class），继承父类的类叫子类（subclass）或派生类（derived class）。因此，子类是父类的一个专门用途的版本，它继承了父类中定义的所有实例变量和方法，并且增加了独特的元素。

在 Java 中，关键字"extends"表示继承，后面紧跟父类的类名，格式如下。

```
<access> <modifiers> class SubClassName extends SuperClassName{
//......
}
```

在一个学校的人事管理系统中，要存储教师和学生的信息，现采用面向对象思想分析得到教师类和学生类，其属性列表如表 5-1 所示。

表 5-1　教师类和学生类的属性列表

教师类（Teacher）		学生类（Student）	
姓名	name	姓名	name
年龄	age	年龄	age
性别	gender	性别	gender
工资	salary	成绩	score
所属院系	department	年级	grade

从表 5-1 可以看出，教师类和学生类在姓名、年龄、性别上存在共同性，而教师类有两个属性工资和所属院系区别于学生类的成绩和年级。充分采用继承的设计思想，完全可以将

这两个类的一些共同属性抽取出来，作为"父类"，抽取的父类定义为 Person 类，然后定义 Person 类的子类，并分别在子类中添加"差异"属性。此问题的继承关系模型如图 5-1 所示。

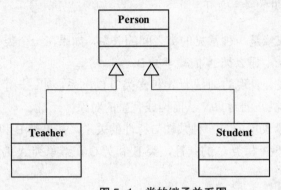

图 5-1　类的继承关系图

下述代码用于实现任务描述 5.D.1，创建 Person 类、Teacher 类和 Student 类演示类的继承。

【描述 5.D.1】 Person.java

```java
public class Person {
    private String name;// 姓名
    private int age;// 年龄
    private String gender;// 性别
    ……//省略 get 和 set 方法
}
class Teacher extends Person {
    private float salary;// 薪酬
    private String department;// 部门
    ……//省略 get 和 set 方法
}
class Student extends Person {
    private int[] score;// 成绩
    private String grade;// 年级
    ……//省略 get 和 set 方法
}
```

上述代码创建了一个 Person 类，然后定义了 Teacher 类和 Student 类，通过对 Person 类的继承，Teacher 类和 Student 类拥有了 name、age 和 gender 属性。

如果给 Student 和 Teacher 类添加生日（birthday）属性，就不需要在每个类中添加，只需要在 Person 类中添加即可，此时，Teacher 类和 Student 类通过继承关系就会拥有 birthday 属性。

而如果需要记录教师的职称，则只需要修改教师类添加相应的属性和方法即可。通过继承可以方便地实现泛化父类维护共性，细化子类添加特定。

　　Java 只支持单一继承，即一个类只能继承一个父类，而不能继承多个类。如果定义一个类，该类没有指明任何父类，那么默认自动继承 java.lang.Object 类。Object 类是所有类的顶级父类，在 Java 体系中，所有类都是直接或间接地继承了 Object 类。

　　在继承过程中，子类拥有父类定义的所有属性和方法，但父类可以通过"封装"思想保留自己的隐藏数据，并通过"暴露"设计提供子类可访问的属性和方法。譬如在 Student 类中，继承了 Person 类定义的 name 属性，如果该属性声明为 private，则在 Student 类中无法直接访问 name 属性，只能通过 public 方法 setName()或 getName()间接访问。在继承的设计和实现过程中体现了"封装"性，可参考 4.3.2 节介绍的访问修饰符。

　　一般情况下，每个类都有自己的构造方法来初始化实例的内存空间，在继承过程中构造方法是如何调用的？

　　下述代码用于实现任务描述 5.D.2，演示在继承关系中构造方法的调用次序。

【描述 5.D.2】 Base.java

```java
public class Base {
    protected int a;
    public Base() {
        a = 20;
        System.out.println("In Base constructor!");
    }
    public static void main(String[] args) {
        Son obj = new Son();
        obj.print();
    }
}
class Son extends Base {
    int b;
    public Son() {
        b = 100;
        System.out.println("In Son constructor!");
    }
    public void print() {
        System.out.println("a: " + a + ",b: " + b);
    }
}
```

　　上述代码中 Base 类使用构造方法初始化属性 a，并打印测试消息；子类 Son 继承 Base 类并定义构造方法完成属性 b 的初始化，同时打印测试消息。

　　执行结果如下。

```
In Base constructor!
In Son constructor!
```

```
a: 20,b: 100
```

通过执行结果分析，在构造子类对象的同时，从父类继承的属性也通过构造方法初始化了，构造方法的执行次序是：基类→父类。

注意 Java 不能像 C++那样支持"多继承"，但可以通过"接口"变相地实现。

5.1.2 多态

当一个子类继承了一个父类时，可以在子类中直接使用父类的属性和方法。如果父类的方法无法满足子类的需求，则可以在子类中对父类的方法进行改造，也称作重写（override）。重写是 Java 多态性的另一种体现。

下述代码用于实现任务描述 5.D.3，演示在继承关系中的重写（override），对父类 Base 加以修改。

【描述 5.D.3】 Base.java

```java
public class Base {
    public static void func() {
        System.out.println("In Base func");
    }
    public void print1() {
        System.out.println("In Base ");
    }
    public static void main(String[] args) {
        Son obj = new Son();
        obj.print();
        Son.func();
    }
}
class Son extends Base {
    // 在子类中可以覆盖父类的静态方法
    public static void func() {
        System.out.println("In Son func ");
    }
    // 覆盖父类的 print()方法
    public void print1() {
        System.out.println("In Son ");
    }
}
```

在上述代码中，Base 类中定义了一个静态方法 func()和一个 print()方法，子类 Son 中也定义了一个静态方法 func()和一个 print()方法，子类中的 func()和 print()在定义形式上与父类一致。

执行结果如下。

```
In Son
In Son func
```

从执行结果可以分析出，在调用的过程中运行的是子类的方法，即子类重写了父类的 func()和 print()方法。

方法重写需要遵循以下几点：

- 重写的方法的签名必须要和被重写的方法的签名完全匹配；
- 重写的方法的返回值必须和被重写的方法的返回值一致；
- 重写的方法所抛出的异常必须和被重写的方法所抛出的异常一致，或者是其子类；
- 被重写的方法不能为 private，否则在其子类中只是新定义了一个方法，并没有对其进行重写；
- 子类重写父类方法的过程中，不能使用比父类中被重写方法加强的访问权限。比如，父类的方法设置为 public，则子类中在重写时就不能使用 protected、默认或 private 来限制；
- 子类可以不改变父类的静态方法，但不能将静态方法改定义为非静态方法。比如，将上面的 Derived 类中 func()方法前的 static 去掉，编译器就会报错；
- 重写不但可以覆盖父类的方法，还可以重写父类的属性。

在 Java 中有一个重要的原则：父类对象的引用变量可以指向子类的对象，此原则用来解决在运行期间对重载方法的调用。过程如下：当一个重载方法通过父类引用被调用，Java 根据当前被引用对象的类型来决定执行哪个版本的方法。如果引用的对象类型不同，就会调用一个重载方法的不同版本。换句话说，是被引用对象的类型（而不是引用变量的类型）决定执行哪个版本的重载方法。因此，如果父类包含一个被子类重载的方法，那么当通过超类引用变量引用不同对象类型时，就会执行该方法的不同版本。这也是接口规范得以应用的主要原因。

下述代码用于实现任务描述 5.D.3，在原来代码的基础上添加一个 Son1 类，对父类 Base 加以修改。

【描述 5.D.3】 Base.java

```java
public class Base {
    public void print1() {
        System.out.println("In Base ");
    }
    public static void main(String[] args) {
        Base obj = new Base();
        obj.print1();
```

```
        obj = new Son();
        obj.print1();
        obj = new Son1();
        obj.print1();
    }
}
class Son extends Base {
    // 重写父类的print1()方法
    public void print1() {
        System.out.println("In Son ");
    }
}
class Son1 extends Base {
    public void print1() {
        System.out.println("In Son1 ");
    }
}
```

执行结果如下。

```
In Base
In Son
In Son1
```

程序运行期间，在不同的代码处分别创建了 Base、Son、Son1 三个类的对象，从运行结果可以看出虽然 Son 和 Son1 的引用都放置在父类 Base 类型的变量中，但在具体调用的过程中，系统根据实际对象调用相应的方法。

对于上述代码，在方法调用的过程中 JVM 能够调用正确子类对象的方法，也就是说，虽然变量 obj 的类型为 Base，由于 obj 中放置不同子类对象的引用，当执行 obj.println()方法时，JVM 能够调用不同子类的方法，而不会出现差错，这是由于动态绑定的缘故。动态绑定的含义就是在运行时根据对象的类型进行绑定。如果一种编程语言想实现动态绑定，就必须具备某种机制，以便在运行时能判断对象的类型，从而调用恰当的方法，这种机制就称为动态方法调度（dynamic method dispatch），即编译器一直不知道对象的类型，但是动态方法调度机制能够找到正确的方法体，并加以调用。因此，动态方法调度机制是 Java 运行时多态性的基础。

 ### 5.1.3　this super null

1. this

"this"关键字代表当前所在类的对象，可用于解决变量的命名冲突和不确定性问题。this 只能出现在类的构造方法或方法中，用于获得当前类的对象引用。

在方法参数或者方法中的局部变量和类的属性同名的情况下，属性被屏蔽，此时要访问属性则需要用"this.属性名"的方式来引用属性。当然，在没有同名的情况下，可以直接使用属性的名字，而不需要 this 进行指明。

　　示例代码如下。

【代码 5-1】Person.java

```java
public class Person {
    private String name;
    private int age;
    private String gender;
    public Person(String name, int age, String gender) {
        this.name = name;
        //下面的语句报错，编译器无法区分 name
        //name = name;
        this.age = age;
        this.gender = gender;
    }
}
```

　　上述代码中，使用 this.name 指明了这个"name"是对象的 name 属性，区别于传递来的 name 参数。

　　在 Java 中，多个构造方法可能存在共同的代码，为保证代码的可重用性，在一个构造方法中可以调用另外一个构造方法，此时使用"this()"并传递所要调用的构造方法所对应的参数，就可以在类中实现调用自身的构造方法了。

　　示例代码如下。

【代码 5-2】Person.java

```java
public class Person {
    private String name;
    private int age;
    private String gender;
    public Person() {
    }
    public Person(String name, String gender) {
        this.name = name;
        this.gender = gender;
    }
    public Person(String name, int age, String gender) {
        //调用 Person(String name,String gender)
        this(name,gender);
        this.age = age;
    }
}
```

在这段代码中，使用 this(name,gender) 调用带两个参数的构造方法 Person(String name,String gender)，然后执行自身构造方法的剩余语句。

在使用 this 方式调用其他构造方法时，this()语句必须放到构造方法的第一行，并且传递所调用构造方法必需的参数，系统根据 this()中的参数个数和参数类型来匹配构造方法。this()语句只能使用一次，否则将会报错。

注意 只能在构造方法中调用类自身的构造方法。

2. super

"super" 关键字代表父类对象。在 Java 中，父类和子类属性的初始化过程是各自来完成的，虽然构造方法不能够继承，但通过使用 super 关键字，在子类构造方法中可以调用父类的构造方法，即子类可以调用父类的构造方法，以便初始化从父类继承属性。

Person 类的示例代码如下。

【代码 5–3】Person.java

```java
public class Person {
    private String name;
    private int age;
    private String gender;
    public Person() {
        System.out.println("In no arguments constructor");
    }
    public Person(String name, int age, String gender) {
    System.out.println("In arguments constructor");
        this.name = name;
        this.age = age;
        this.gender = gender;
    }
}
```

Teacher 类的示例代码如下。

【代码 5–4】Teacher.java

```java
public class Teacher extends Person {
    private float salary;
    public Teacher(){
    }
    public Teacher(String name, int age, String gender,float salary){
        super(name,age,gender);
        this.salary=salary;
    }
}
```

上述代码在 Teacher 类中定义了一个默认的构造方法（不含参数的构造方法）和带四个参数的构造方法。在第二个构造方法中，使用 super(name,age,gender)调用父类的构造方法 Person(name,age,gender)，将传递过来的参数向上传递来完成从父类继承属性的初始化。当执行以下命令时，会将 john 的 name、age、gender 和 salary 分别初始化为 john、34、male 和 3000。

```
Teacher john = new Teacher("john",34,"male",3000);
```

注意 super()用在对象的构造方法中，将构造细节通过继承链往上传递。

若在子类的构造方法中省略掉 super 关键字，则系统默认有 "super()"，即调用父类不带参数的构造方法。由于 Java 语言规定如果一个类中含有一个或多个构造方法，系统不提供默认的构造方法，所以当在父类中定义了多个构造方法时，应考虑包括一个不带参数的构造方法，以防止子类省略 super 关键字时出现错误。对上述代码稍作调整。

示例代码如下。

【代码 5-5】Person.java

```
public class Person {
    private String name;
    private int age;
    private String gender;
    //在这里去掉默认构造方法
    public Person(String name, int age, String gender) {
        this.name = name;
        this.age = age;
        this.gender = gender;
    }
}
```

调整后 Teacher 类的代码如下。

```
public class Teacher extends Person {
    private float salary;
    public Teacher(){
    }
    public Teacher(String name, int age, String gender,float salary){
        this.salary=salary;
    }
}
```

即去掉 Person 类的默认构造方法，同样构造 Person 类的子类 Teacher，虽然没有在 Teacher 的构造方法中显示指明 super()，但在编译的时候就会提示 "默认超类的构造方法 Person()没有定义，必须显式地调用另外一个构造方法"，因为系统会默认调用 super()，而 Person 类没有提供无参的构造方法。

除了调用直接父类（即类之上最近的超类）的构造方法，通过在子类中使用 super 做前缀还可以引用被子类隐藏（即子类中有与父类同名的属性）的父类的属性或被子类覆盖的方法。

当子类的属性与父类的属性同名时，也就是子类的属性覆盖父类的属性时，用"super. 属性名"来引用父类的属性。当子类的方法覆盖了父类的方法时，用"super.方法名(参数列表)"的方式访问父类的方法。对上述 Person 类和 Teacher 类修改如下。

Person 类代码如下。

【代码 5-6】Person.java

```java
public class Person {
    private String name;
    private int age;
    private String gender;
    public Person() {
        System.out.println("In no arguments constructor");
    }
    public Person(String name, int age, String gender) {
        System.out.println("In arguments constructor");
        this.name = name;
        this.age = age;
        this. gender = gender;
    }
    public void print(){
        System.out.println("name : " + name);
        System.out.println("age : " + age);
        System.out.println("gender: " + gender);
    }
}
```

Teacher 类的代码如下。

【代码 5-7】Teacher.java

```java
public class Teacher extends Person {
    private float salary;
    public Teacher(){
    }
    public Teacher(String name, int age, String gender,float salary){
        super(name,age, gender);
        this.salary=salary;
```

```
    }
    public void print(){
        //使用super.print()调用父类的print()方法
        super.print();
        System.out.println("salary : " +salary);
    }
}
```

上述代码在 Teacher 类的 print()方法内部使用 super.print()调用父类 Person 的 print()方法，从而实现复用。

```
Teacher john = new Teacher("john",34,"male",3000);
john.print();
```

执行结果如下。

```
In arguments constructor
name : john
age : 34
gender : male
salary : 3000.0
```

> **注意**　方法重写只是将原方法"掩盖"起来，并不是"彻底"替换原方法，可以通过 super 继续引用原方法。

3. null

"null"关键字用于标识一个不确定的对象，即没有内存地址的对象。因此可以将 null 赋给引用类型变量，但不可以赋给基本类型变量。例如：

```
int num = null;//是错误的。
Object obj = null;//是正确的。
```

在 Java 中，变量的使用都遵循一个原则，先定义，并且初始化后，才可以使用。有时候，定义一个引用类型变量，在刚开始的时候，无法给出一个确定的值，程序可能会在 try 语句块中对其进行初始化。例如，使用如下方式。

```
Teacher tom;//定义一个 Teacher 类型的变量 tom
try {
    tom = new Teacher();
}catch(Exception e){
}
tom.print();
```

上述代码会报"tom 没有被初始化"的错误。

这时，可以先给变量指定一个 null 值，问题就解决了。

```
Teacher tom=null;
    try {
        tom = new Teacher();
    }catch(Exception e){
    }
    tom.print();
```

null 本身虽然能代表一个不确定的对象，但就 null 本身来说，它不是对象，也不是 java.lang.Object 的实例。

null 的另外一个用途就是释放内存，在 Java 中，当某一个非 null 的引用类型变量指向的对象不再使用时，若想加快其内存回收，可以让其指向 null。这样这个对象就不再被任何对象应用了，由 JVM 垃圾回收机制去回收。

注意 在定义变量的时候，如果定义后没有给变量赋值，则 Java 在运行时会自动给变量赋值。赋值原则是整数类型的自动赋值为 0，带小数点的自动赋值为 0.0，boolean 的自动赋值为 false，其他各种引用类型变量自动赋值为 null。判断一个引用类型数据是否为 null，用 "==" 等号来判断。

5.1.4　final 关键字

"final" 关键字用来修饰类、方法和变量，其含义是 "不可改变性的、最终的"。

1. 修饰类

声明为 final 的类不能派生子类，即此类不能被继承，一个 final 类中的所有方法都隐式地指定为 final。如：java.lang.String、java.lang.Integer 等，都是 final 类，因此不能进行如下继承。

```
public class MyClass extends String {
}
```

2. final 修饰变量

在使用 final 修饰内建类型变量时，表示它是一个常量，在定义时必须给予初始值，变量一旦初始化，将不能改变。

```
final int CONST = 5;
```

当 final 用于修饰对象或者数组时，它表示对对象或数组的引用是恒定不变的，然而对象本身的属性却是可以修改的。

下述代码演示了 final 修饰对象的限制。

【代码 5-8】TestClass.java

```
public class TestClass {
```

```
    private int num;
    public void setNum(int num) {
        this.num = num;
    }
    public int getNum() {
        return this.num;
    }
    public static void main(String[] args) {
        final TestClass obj1 = new TestClass();
        System.out.println("obj1.num : " + obj1.getNum());
        obj1.setNum(10);
        System.out.println("obj1.num : " + obj1.getNum());
        TestClass obj2 = new TestClass();
        // Error, 无法改变 obj1 的引用空间
        // obj1 = obj2;
    }
}
```

执行结果如下。

```
obj1.num : 0
obj1.num : 10
```

通过执行结果可以看出，obj1 引用的对象的属性被修改了。

在 Java 提供的 API 中，还存在大量的 static final 修饰的"静态常量"，其使用方式跟静态变量的使用方式一致，即："类名.常量名"，唯一不同就是使用 static final 修饰的"变量"不能修改。

3. final 修饰方法

在方法声明中使用 final 关键字表示向编译器表明子类不能重写此方法。Base.java 代码如下。

```
public class Base {
    public final void func(){
    }
}
```

Son.java 代码如下。

```
public class Son extends Base {
    //Error, 企图覆盖父类的 final 方法
    public void func(){
    }
}
```

将 Base 类 func()方法的修饰符 public 改为 private，则 Base.java 变为：

```
public class Base {
//将 public 修饰符改为 private
    private final void func(){
    }
}
```

则 Son 可以通过。因为子类无法看到父类的 private 方法，在这里并不满足"重写"的条件，所以能够顺利执行。

5.2　抽象类与接口

抽象类和接口是支持抽象类定义的两种机制。由于这两种机制的引入，使 Java 拥有了强大的面向对象编程能力，为面向接口编程提供了广泛的扩展空间。

5.2.1　抽象类

在面向对象的概念中，所有的对象都是通过类来表述的，但并不是所有的类都是用来描绘对象的，如果一个类中没有包含足够的信息来描绘一类具体的对象，这样的类就是抽象类。抽象类往往用来表征对问题领域进行分析、设计中得出的抽象概念，是对一系列看上去不同，但是本质上相同的具体概念的抽象。例如：定义一个平面图形类 Shape，任何平面图形都有周长和面积，追加两个方法后代码如下。

```
public class Shape{
...
//计算图形的面积
public void callArea();
//计算图形的周长
public void callPerimeter();
...
}
```

通过分析，可以发现平面图形领域存在着圆形、三角形、长方形等这样一些具体的概念，它们计算面积和周长的方法是不同的，在 Shape 类中无法统一定义，但是它们都属于平面图形领域。

有时只定义类的"骨架"，对其共通行为提供规范，但并不实现，而将其具体实现放到子类中完成。这种"骨架"类，在 Java 中叫做抽象类，通过 abstract 关键字描述。

下述代码用于实现任务描述 5.D.4，定义一个类 Shape 来演示抽象类的定义和使用。

【描述 5.D.4】 Shape.java

```java
public abstract class Shape {
    double dim;
    Shape(double dim) {
        this.dim = dim;
    }
    // 抽象方法，获得面积
    abstract double callArea();
    // 抽象方法，获得周长
    abstract double callPerimeter();
}
```

在上述代码中，空方法并不是未实现的方法，它们是两个不同的概念，如下所示是未实现的方法。

```java
public void callArea();
```

如下所示方法是空方法，方法有方法体，但方法体为空。

```java
public void callArea(){}
```

从语法层面上看，在 Java 中凡是用 abstract 修饰的类都是抽象类。在 Java 中，如果某个方法没有提供方法体实现，这种方法称为抽象方法。包含一个或者多个抽象方法的类叫做抽象类，为了提高程序的清晰度，需要在类的前面加注 abstract 关键字。

抽象类还可以包含具体数据和具体方法，也可以包括构造方法。定义抽象类的目的是提供可由其子类共享的一般形式，子类可以根据自身需要扩展抽象类。

下述代码用于实现任务描述 5.D.4，定义 Shape 的一个子类 Circle 来演示抽象类的使用。

【描述 5.D.4】 Circle.java

```java
public class Circle extends Shape {
    Circle(double dim) {
        super(dim);
    }
    // 实现父类的抽象方法
    double callArea() {
        System.out.println("圆的面积 : " + 3.14 * dim * dim);
        return 0;
    }
    // 实现父类的抽象方法
    double callPerimeter() {
        System.out.println("圆的周长 : " + 2 * 3.14 * dim);
        return 0;
    }
}
```

```
    public static void main(String[] args) {
        Shape shape = new Circle(10);
        shape.callArea();
        shape.callPerimeter();
    }
}
```

上述代码中定义了一个 Shape 类的子类 Circle，并对 Shape 类的抽象方法进行了实现，从执行结果可以看出，当调用 Shape 类型的变量 shape 时，实际上调用了 Circle 类型对象的方法，这也是多态性的一种体现。

执行结果如下。

```
圆的面积：314.0
圆的周长：62.800000000000004
```

抽象类虽然具备类的形式，但由于其"抽象"性，不能定义抽象类的实例，即不能为抽象类分配具体空间，如下代码是错误的。

```
Shape circle= new Shape(3);
```

但可以定义一个抽象类的对象变量，并分配给其非抽象类子类的对象的引用。

```
Shape someShape;
//引用 Circle 类的实例对象
someShape = new Circle(5);
someShape.callArea();
```

抽象类除了使用 abstract 关键字定义实现，还可以通过继承实现，即该类在继承一个抽象类或者接口的时候，没有为所有抽象方法提供实现细节或方法主体时，当前类也是抽象类。

```
//此代码没有为 callPerimeter()方法提供实现，故也要声明为抽象类
public abstract class Square extends Shape {
    Square(double dim){
        super(dim);
    }
    double callArea() {
        System.out.println("Area for Rectangle : " + 3.14 * dim * dim);
        return 0;
    }
}
```

注意 抽象类不能实例化，抽象方法没有方法体，抽象类提供了子类的规范模版，抽象方法必须在子类中给出具体实现。abstract 不能与 final 同时修饰一个类，abstract 不能和 static、private、final 或 native 并列修饰同一个方法。

5.2.2 接口

抽象类表示的是一种继承关系，一个类只能使用一次继承关系，这样限制了类的多重体现，模仿 C++中的多重继承，Java 语言的设计者提出了一种折中的解决办法，即接口，使 Java 可以一次实现多个接口。接口是一种特殊的"抽象类"，是对抽象类的进一步强化，是方法声明和常量的定义集合。

```
<modifier> interface <name> [implements <interface> [,<interface>]*]{
<declarations>*
}
```

下述代码用于实现任务描述 5.D.5，定义一个接口 MyInterface 来演示接口的定义和使用。

【描述 5.D.5】 MyInterface.java

```
//带有方法的接口
public interface MyInterface {
    public void add(int x, int y);
    public void volume(int x, int y, int z);
}
```

代码定义了一个接口 MyInterface，在接口中声明了两个方法，但是这两个方法没有实现。当然也可以定义既包含常量也包含方法的接口。

下述代码用于实现任务描述 5.D.5，定义一个接口 MultiInterface 来演示接口中常量的定义。

【描述 5.D.5】 MultiInterface.java

```
public interface MultiInterface {
    public static final double PI = 3.1415926;
    public void callArea();
}
```

在定义接口的时候，接口及接口中的所有方法和常量自动的定义为 public，可以省略 public 关键字的提供。

同抽象类一样，接口是一种更加"虚拟"的类结构，无法对接口实例化。

```
MyInterface someInterface = new MyInterface();  //错误
```

但可以声明接口变量。

```
MyInterface someInterface;  //可以
```

并用接口变量指向当前接口实现类的实例。

```
public class MyClass implements MyInterface {
//类体实现
}
someInterface = new MyClass();  //可以
...
```

接口的使用通过"implements"关键字来实现，示例代码如下。

【代码 5-9】MyClass.java

```
public class MyClass implements MyInterface {
    public void add(int x, int y) {
        // do something
    }
    public void volume(int x, int y, int z) {
        // do something
    }
}
```

通过实现多个接口来实现多重继承，示例代码如下。

```
public class MyClass2 implements Cloneable, Comparable {
    // do something
}
```

一个类实现接口时，必须实现接口中定义的所有方法，否则该类将作为抽象类处理。
抽象类与接口的区别如下。

- 抽象类中可以有非抽象方法，接口中则不能有实现方法；
- 接口中定义的变量默认是 public static final 型，且必须给其初值，所以实现类中不能
  重新定义，也不能改变其值；
- 抽象类中的变量默认是 friendly 型，其值可以在子类中重新定义，也可以重新赋值。
  接口中的方法默认都是 public、abstract 类型。

5.2.3　instanceof 运算符

Java 语言的多态性机制导致了引用变量的声明类型和其实际引用的类型可能不一致，再
结合动态方法调度机制可以得出以下结论：声明为同种类型的两个引用变量调用同一个方法
时也可能会有不同的行为。为更准确地鉴别一个对象的真正类型，Java 语言引入了 instanceof
操作符，其使用格式如下。

```
<引用类型变量> instanceof <引用类型>
```

该表达式为 boolean 类型的表达式，当 instanceof 左侧的引用类型变量所引用对象的实际

类型是其右侧给出的类型或其子类类型时，整个表达式的结果为 true，否则为 false。

　　下述代码用于实现任务描述 5.D.6，定义一个接口 Base.java 和 Derive、Derive1 类来演示 instanceof 的用法。

【描述 5.D.6】 InstanceofDemo.java

```
interface IBase {
    public void print();
}
// 定义 Base 接口的子类
class Derive implements IBase {
    int b;
    public Derive(int b) {
        this.b = b;
    }
    public void print() {
        System.out.println("In Derive!");
    }
}
// 定义 Derive 类的子类
class Derive1 extends Derive {
    int c;
    public Derive1(int b, int c) {
        super(b);
        this.c = c;
    }
    public void print() {
        System.out.println("In Derive1!");
    }
}
public class InstanceofDemo {
    public static void typeof(Object obj) {
        if (obj instanceof Derive) {
            Derive derive = (Derive) obj;
            derive.print();
        } else if (obj instanceof Derive1) {
            Derive derive1 = (Derive) obj;
            derive1.print();
        }
    }
    public static void main(String[] args) {
        IBase b1 = new Derive(4);
        IBase b2 = new Derive1(4, 5);
```

```
      // 判断类型
      typeof(b1);
      typeof(b2);
   }
}
```

在上述代码中，main()方法中定义了两个 Base 类型的对象，分别是 base1 和 base2，通过 instanceof 可以判断 base1 或 base2 所引用对象的实际对象类型，并调用相应的方法。

执行结果如下。

```
In Derive!
In Derive1!
```

从执行结果可以分析出 instanceof 运算符能够鉴别出实际的对象类型，并实现对相应方法的调用。此种做法模拟了方法的动态调用机制，但这种做法通常被认为没有很好地利用面向对象中的多态性而是采用了结构化编程模式。

注意　在大多数情况下不推荐使用 instanceof，应当利用类的多态。

 ## 5.2.4　对象造型

在基本数据类型之间进行相互转化的过程中，有些转换可以通过系统自动完成，而有些转换必须通过强制转换来完成。对于引用类型，也有一个相互转换的机制。在引用类型数据转换时，同样可以分为自动造型和强制造型两种情况。

- **自动造型：** 子类转换成父类时（或者实现类转换成接口），造型可以自动完成。例如，Teacher 是 Person 的子类，将一个 Teacher 对象赋给一个 Person 类型的变量时，造型自动完成。
- **强制造型：** 父类转换成子类时（或者接口转换成实现类），必须使用强制造型。例如，Teacher 类是 Person 的子类，如果将一个 Person 对象赋给一个 Teacher 类型变量的时候，必须使用强制造型。

对象的强制造型可以使用运算符"()"来完成，格式如下。

```
Person p = new Teacher();//创建一个 Teacher 对象，把引用赋予 Person 类型的变量 p
Teacher t = (Teacher)p;//把变量 p 强制转换成 Teacher 类型的变量
```

注意　无论是自动造型还是强制造型，都只能用在有继承关系的对象之间。并不是任意的父类类型数据都可以被造型为子类类型，只有在多态情况下，原本就是子类类型的对象被声明为父类的类型，才可以通过造型恢复其"真实面目"，否则在程序运行时会出错。

5.3 Object 类

Object 类是所有类的顶级父类，在 Java 体系中，所有类都是直接或间接地继承了 Object 类。 Object 类包含了所有 Java 类的公共属性和方法，这些属性和方法在任何类中均可以直接使用，其中较为主要的方法如表 5-2 所示。

表 5–2 Object 类的方法列表

方法名	功能说明
public boolean equals(Object obj)	比较两个类变量所指向的是否为同一个对象，是则返回 true
public final Class getClass()	获取当前对象所属类的信息，返回 Class 对象
public String toString()	将调用 toString()方法的对象转换成字符串
protected Object clone()	生成当前对象的一个备份，并返回这个副本
public int hashCode()	返回该对象的哈希代码值

5.3.1 equals 方法

两个内建类型的数值进行比较是否相等时使用"=="，但当比较两个对象时可以使用"=="或 equlas()方法。"=="和 equals()方法是有区别的。

下述代码用于实现任务描述 5.D.7，定义一个类 EqualsDemo 来演示 equals 方法的使用。

【描述 5.D.7】 EqualsDemo.java

```java
public class EqualsDemo {
    public static void main(String[] args) {
        Integer obj1 = new Integer(5);
        Integer obj2 = new Integer(15);
        Integer obj3 = new Integer(5);
        Integer obj4 = obj2;
        System.out.println("obj1.equals( obj1 ): " + obj1.equals(obj1));
        // obj1 和 obj2 是两个不同的对象
        System.out.println("obj1.equals( obj2 ): " + obj1.equals(obj2));
        // obj1 和 obj3 引用指向的对象的值一样
        System.out.println("obj1.equals( obj3 ): " + obj1.equals(obj3));
        // obj2 和 obj4 引用指向同一个对象空间
        System.out.println("obj2.equals( obj4 ): " + obj2.equals(obj4));
        System.out.println("-------");
        System.out.println("obj1 == obj1: " + (obj1 == obj1));
        // obj1 和 obj2 是两个不同的对象
        System.out.println("obj1 == obj2: " + (obj1 == obj2));
        // obj1 和 obj3 引用指向的对象的值一样，但对象空间不一样
        System.out.println("obj1 == obj3: " + (obj1 == obj3));
        // obj2 和 obj4 引用指向同一个对象空间
```

```
        System.out.println("obj2 == obj4: " + (obj2 == obj4));
    }
}
```

执行结果如下。

```
obj1.equals( obj1 ): true
obj1.equals( obj2 ): false
obj1.equals( obj3 ): true
obj2.equals( obj4 ): true
-------
obj1 == obj1: true
obj1 == obj2: false
obj1 == obj3: false
obj2 == obj4: true
```

比较运算符 "==" 在比较对象的时候是严格地比较这两个对象是不是同一个对象。它比较的是两个对象在内存中的地址，只有当两个变量指向同一个内存地址即同一个对象时才返回 true，否则返回 false，所以当用 new 方法创建了 obj1 和 obj2 时，由于分配了两个不同的内存空间，所以它们在用比较运算符 "==" 来判断两个对象是否相等时自然应该返回的是 false，而在比较 obj2 和 obj4 时，由于 obj2 指向的实际是 obj4 所指向的地址，所以返回 true。

equals() 方法则是用来比较两个引用变量指向对象的值是否相等，所以 obj1.equals(obj3) 输出结果为 true。

对于字符串变量的比较，需要额外注意，示例代码如下。

【代码 5-9】StringEqualsDemo.java

```java
public class StringEqualsDemo {
    public static void main(String[] args) {
        String str1 = new String("abc");
        String str2 = new String("abc");
        String str3 = new String("def");
        String str4 = str1;
        String str5 = str2;
        String str6 = str3;
        String str7 = "abc";
        String str8 = "abc";
        System.out.println("str1.equals( str2 ): " + str1.equals(str2));
        System.out.println("str1.equals( str4 ): " + str1.equals(str4));
        System.out.println("str1.equals( str5 ): " + str1.equals(str5));
        System.out.println("str1.equals( str6 ): " + str1.equals(str6));
        System.out.println("str1.equals( str7 ): " + str1.equals(str7));
        System.out.println("str7.equals( str8 ): " + str7.equals(str8));
```

```
    System.out.println("-------");
    System.out.println("str1 == str2: " + (str1 == str2));
    System.out.println("str1 == str4: " + (str1 == str4));
    System.out.println("str1 == str5: " + (str1 == str5));
    System.out.println("str1 == str6: " + (str1 == str6));
    System.out.println("str1 == str7: " + (str1 == str7));
    System.out.println("str7 == str8: " + (str7 == str8));
    }
}
```

执行结果如下。

```
str1.equals( str2 ): true
str1.equals( str4 ): true
str1.equals( str5 ): true
str1.equals( str6 ): false
str1.equals( str7 ): true
str7.equals( str8 ): true
-------
str1 == str2: false
str1 == str4: true
str1 == str5: false
str1 == str6: false
str1 == str7: false
str7 == str8: true
```

由字符串常量生成的变量，其所存放的内存地址是相同的，所以"str7 == str8"输出结果为 true。

> **注意**　如果所定义的类的父类（直接）不是 Object，需要明确其父类是否重写了 equals()
> 方法，如果已重写，在重写子类的 equals()方法时要使用 super.equals(other)来确保
> 父类中的相关比较能得到实施。

5.3.2　toString 方法

Object 类中定义了 public String toString()方法，其返回值是 String 类型，描述当前对象的有关信息，在进行 String 与其他类型数据（引用类型）的连接操作时（如：System.out.println("info" + tom)），将自动调用该对象类的 toString()方法，默认情况下 toString()方法返回的字符串格式为：getClass().getName() + '@' + Integer.toHexString(hashCode())，Person 类在前面已经定义。

```
public static void main(String[] args) {
```

```
        Person tom = new Person("tom", 23, "male");
        System.out.println(tom);
    }
```

执行结果如下。

```
Person@35ce36
```

这些消息无法体现对象本身的属性，可以说是无意义的。可以根据需要在用户自定义类型中重写 toString()方法，返回我们需要的数据信息，对于 toString()方法返回的字符串的通用形式如下。

```
类名[属性 = 属性值，属性 = 属性值，……]
```

下述代码用于实现任务描述 5.D.7，重新定义 Person 类，并重写其 toString()方法。

【描述 5.D.7】 Person.java

```java
public class Person {
    // 姓名
    public String name;
    // 年龄
    private int age;
    // 性别
    private String gender;
    //get 或 set 等方法省略
    public String toString(){
        return getClass().getName()+"[name = "+name+",age = "+age+",gender =
"+gender+"]";
    }
    public static void main(String[] args) {
        Person tom = new Person("tom", 23, "male");
        System.out.println(tom);
    }
}
```

执行结果如下。

```
Person[name = tom,age = 23,gender = male]
```

重写 toString()方法是一种非常有用的调试技巧，可以方便地获知对象的状态信息，建议为每个自己编写的类重写 toString()方法，特别是包含大量属性的"实体类"。

假如父类中定义了 toString()方法，在子类中重写 toString()方法时，只需要调用 super.toString()即可。

下述代码用于实现任务描述 5.D.7，在子类中重写 toString()方法。

【描述 5.D.7】　Teacher.java

```
public class Teacher extends Person {
    private float salary;
    public Teacher(String name,int age,String gender,float salary){
        super(name,age,gender);
        this.salary=salary;
    }
    public String toString(){
        //调用父类的 toString()方法
        return super.toString()+"[salary = "+salary+"]";
    }
    public static void main(String []args){
        Teacher john = new Teacher("john",35,"male",3000);
        System.out.println(john);
    }
}
```

执行结果如下。

```
Teacher[name = john,age = 35,gender = male][salary = 3000.0]
```

注意　如果使用 String 类型数据和内建类型数据连接，则内建类型数据首先转换为对应的对象类型，再调用该对象类型的 toString()方法转换为 String 类型。

小结

通过本章的学习，读者应该能够学会：

- 继承是面向对象编程技术的一块基石，它允许创建分等级层次的类；
- 运用继承，可以创建一个通用类定义一系列一般特性；
- 任何类只能有一个父类，即 Java 只允许单继承；
- 除构造方法，子类继承父类的所有方法和属性；
- overload 是多态性的静态展示，override 是多态性的动态展示；
- super 有两种通用形式：调用父类的构造方法、用来访问被子类的成员覆盖的父类成员；
- final 修饰符可应用于类、方法和变量；
- 定义抽象类的目的是提供可由其子类共享的一般形式，抽象类不能实例化；
- 一个类可以实现多个接口，接口可以被多个类实现；
- Object 是所有类的最终父类，是 Java 类结构的基础。

练习

1. 在 Java 语言中，下面关于类的描述正确的是____。

    A. 一个子类可以有多个父类

    B. 一个父类可以有多个子类

    C. 子类可以使用父类的所有

    D. 子类一定比父类有更多的成员方法

2. 在 Java 语言中，类 Worker 是类 Person 的子类，Worker 的构造方法中有一句"super()"，该语句是____。

    A. 调用类 Worker 中定义的 super()方法

    B. 调用类 Person 中定义的 super()方法

    C. 调用类 Person 的构造方法

    D. 语法错误

3. 下列____修饰符不允许父类被继承。

    A. abstract

    B. static

    C. protected

    D. final

4. 在 Java 中，在类中定义两个或多个方法，方法名相同而参数不同，这称为____。

    A. 多态性

    B. 构造方法

    C. 方法重载

    D. 继承

5. 下面的是关于类及其修饰符的一些描述，不正确的是____。

    A. abstract 类只能用来派生子类，不能用来创建 abstract 类的对象

    B. abstract 不能与 final 同时修饰一个类

    C. final 类不但可以用来派生子类，也可以用来创建 final 类的对象

    D. abstract 方法必须在 abstract 类中声明，但 abstract 类定义中可以没有 abstract 方法

6. 设 Derived 类为 Base 类的子类，则如下对象的创建____是错误的。

    A. Base base = new Derived();

    B. Base base = new Base();

    C. Derived derived = new Derived();

    D. Derived derived = new Base();

7. 重写方法 void method_1(int a,int b)，下面____是正确的。

    A. public void method_1(int e,int f)

    B. protected void method_1(int e,int f)

C. public void method_1(int a)

D. int method_1 (int c, int d)

8. 如果试图编译并运行下面的代码将发生什么____。

```
abstract class Base {
 abstract void method();
 static int i;
}
public class Mine extends Base {
 public static void main(String argv[]) {
 int[] ar = new int[5];
 for(i = 0; i < ar.length; i++)
 System.out.println(ar[i]);
 }
}
```

A. 一个 0～5 的序列将被打印

B. 有错误 ar 使用之前将被初始化

C. 有错误 Mine 必须声明成 abstract 的

D. IndexOutOfBoundes 错误

9. 什么叫多态？如何理解多态？请设计一个简单的示例，展示多态的用法。

10. Overload 和 Override 的区别？Overloaded 的方法是否可以改变返回值的类型？

11. 构造器 Constructor 是否可被 override？

12. 简述抽象类（abstract class）和接口（interface）的异同。

13. 定义一个接口，声明一个方法 area()来计算圆的面积（根据半径长度），再用一个具体的类实现此接口，编写一个测试类去使用该接口和子类。

14. 有一个水果箱（Box），箱子里装有水果（Fruit），每一种水果都有不同的重量和颜色，水果有：苹果、梨、橘子。每个苹果（Apple）都有不同的重量和颜色，每个橘子（Orange）都有不同的重量和颜色，每个梨（Pear）都有不同的重量和颜色。可以向水果箱（Box）里添加水果（addFruit），也可以取出水果（getFruit），还可以显示水果的重量和颜色，写出实现这样方法的代码，要求实现上述功能。

第6章 异　常

本章目标

- 理解异常的概念和异常处理机制
- 理解 Java 异常的分类
- 掌握 try、catch、finally 的使用方法
- 掌握 throw、throws 的使用方法
- 掌握自定义异常的定义和使用方法

学习导航

任务描述

【描述 6.D.1】

　使用 0 做除数引发异常，了解异常发生的情况。

【描述 6.D.2】

　演示 try、catch 用法。

【描述 6.D.3】

　演示多重 catch 块用法。

【描述 6.D.4】

　演示嵌套异常用法。

【描述 6.D.5】

　演示 finally 的用法

【描述 6.D.6】

　演示 throw、throws 的用法。

【描述 6.D.7】

　演示自定义异常的用法。

6.1 异常

在进行程序设计和运行的过程中,发生错误是不可避免的。虽然 Java 语言本身的设计从根本上提供了便于写出整洁、安全的代码的能力,同时程序员也会尽量避免错误产生,但仍然会有错误产生,使程序被迫停止。为此,Java 提供了异常处理机制帮助程序员检查可能出现的错误,保证程序的可读性和可维护性。

6.1.1 异常概述

在程序中,可能产生程序员没有预料到的各种错误情况,比如试图打开一个根本不存在的文件等。在 Java 中,这种在程序运行时可能出现的错误称为异常。异常是在程序执行期间发生的事件,它中断了正在执行程序的正常指令流。例如,除以 0 溢出、数组越界、文件找不到等都属于异常。在程序设计时,必须考虑到可能发生的异常事件并做出相应的处理。

使用异常带来的明显好处是能够降低处理错误代码的复杂度。如果不使用异常,就必须检查特定的错误,并在程序中处理它。而如果使用异常,就不必在方法调用处进行检查,因为异常机制能够保证捕获这个错误,而且,只需要在一个地方处理错误,即在异常处理程序中集中处理。这种方式不仅节省代码,而且把"描述在正常执行过程中做什么事"的代码和"出了问题怎么办"的代码相分离。总之,与以前的错误处理方法相比,异常机制使代码的阅读、编写和调试工作更加井井有条。

6.1.2 Java 异常分类

Java 中异常分为两类,分别为 Error 和 Exception,java.lang.Throwable 类是两者的父类,在 Throwable 类中定义的方法用来检索与异常相关的错误信息,并打印、显示异常发生的堆栈跟踪信息。Error 和 Exception 分别用于定义不同类别的错误。

- Error(错误):JVM 系统内部错误、资源耗尽等严重情况。
- Exception(异常):因编程错误或偶然的外在因素导致的一般性问题,例如对负数开平方根、空指针访问、试图读取不存在的文件、网络连接中断等。

如图 6-1 所示列举了一些异常类并指明了它们的继承关系。

当发生 Error 时,编程人员无能为力,只能让程序终止。例如内存溢出等。当发生 Exception 时,编程人员可以预先防范,本章主要讨论对 Exception 的处理。

从编程角度考虑可以将异常(Exception)分为以下两类。

1. 非检查型异常

非检查型(unchecked)异常是指编译器不要求强制处置的异常,该异常是因设计或实现方式不当导致的问题,是程序员的原因导致的,可以避免这种问题的产生。RuntimeException类及其所有子类都是非检查型异常。常见的非检查型异常和描述如表 6-1 所示。

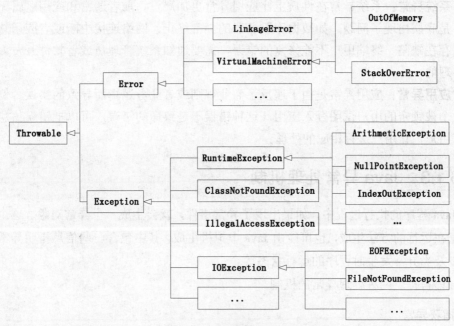

图 6-1　异常继承层次图

表 6-1　常见的非检查型异常

非检查型异常	描述
ClassCastException	错误类型转换异常
ArrayIndexOutOfBoundsException	数组下标越界异常
NullPointerException	空指针访问异常
ArithmeticException	除以 0 溢出异常

2. 检查型异常

检查型（checked）异常是指编译器要求必须处置的异常，是程序在运行时由于外界因素造成的一般性异常，该类异常是 Exception 类型及其子类（RuntimeException 类除外）。常见的检查型异常和描述如表 6-2 所示。

表 6-2　常见的检查型异常

检查型异常	描述
SQLException	操作数据库时发生的异常
IOException	操作文件时发生的异常
FileNotFoundException	访问不存在的文件异常
ClassNotFoundException	找不到指定名称类的异常

注意　尽管 RuntimeException 及其子类是 Exception 的子类，但它是非检查型异常。

从开发应用的角度来看，可以把异常分为系统异常和应用异常。

- **系统异常**：系统异常在性质上比应用异常更加严重，前者通常和应用逻辑无关，而是底层出现了问题，如数据库服务器的异常终止，网络连接中断或者应用软件自身存在缺陷，终端用户不能修复的错误，需要通知系统管理员或者软件开发人员来处理的。
- **应用异常**：应用异常是由于违反了商业规则或者业务逻辑而导致的错误。例如，一个被锁定的用户试图登入应用。这种错误不是致命的错误，可以把错误信息报告给用户，让用户进行相应的处理。

6.1.3　Java 异常处理机制

在 Java 程序的执行过程中，如果出现了异常事件，就会生成一个异常对象。这个对象可能是由正在运行的方法生成，也可能由 Java 虚拟机生成，其中包含一些信息指明异常事件的类型，以及当异常发生时程序的运行状态等。

Java 语言提供两种处理异常的机制。

1. 捕获异常

在 Java 程序运行过程中系统得到一个异常对象时，它将会沿着方法的调用栈逐层回溯，寻找处理这个异常的代码，找到处理这种类型异常的方法后，运行时系统把当前异常对象交给这个方法进行处理，该过程称为捕获（catch）异常。如果 Java 运行时系统找不到可以捕获异常的方法，则运行时系统将终止，相应的 Java 程序也会退出。

2. 声明抛出异常

当运行时系统得到一个异常对象，如果方法并不知道如何处理所出现的异常，则可以在定义方法时声明抛出（throws）异常。

该机制有以下优点：

- 把各种不同类型的异常进行分类，使用 Java 类来表示异常情况，这种类被称为异常类。把异常情况表示成异常类，可以充分发挥类的可扩展性和可重用性的优势；
- 异常流程的代码和正常流程的代码分离，提高了程序的可读性，简化了程序的结构；
- 可以灵活地处理异常，如果当前方法有能力处理异常，就捕获并处理它，否则只需要抛出异常，由方法调用者来处理异常。

6.2　异常处理

在 Java 中对异常的处理共涉及 5 个关键字，分别是：try、catch、throw、throws 和 finally。在 Java 中可以用于处理异常的两种方式如下。

- **自行处理**：可能引发异常的语句封入在 try 块内，而处理异常的相应语句则存在于

catch 块内。

- **抛出异常：** 在方法声明中包含 throws 子句，通知调用者，如果发生了异常，必须由调用者处理。

6.2.1 异常实例

下述代码用于实现任务描述 6.D.1，该任务演示了使用 0 做除数而引发的 ArithmeticException 异常情况。

【描述 6.D.1】 ExceptionDemo.java

```
public class ExceptionDemo {
    public static void main(String[] args) {
        // 0 做除数
        int i = 12 / 0;
        System.out.println("结果是: " + i);
    }
}
```

执行结果如下。

```
/ by zerojava.lang.ArithmeticException: / by zero
    at com.haiersoft.ch06.ExceptionDemo.main(ExceptionDemo.java:15)
```

上述代码中，在执行语句：

```
int i = 12 / 0;
```

由于使用 0 做除数，违反运算规则，JVM 会抛出 ArithmeticException 的同时，异常信息提示可能产生异常语句，如：

```
at com.haiersoft.ch06.ExceptionDemo.main(ExceptionDemo.java:15)
```

6.2.2 try、catch

在 Java 程序中，如果在出现异常的地方进行异常处理，可以在方法中添加两类代码块，即 try、catch。通常发生异常的代码都放在 try 代码块中，try 代码块中包含的是可能引起一个或者多个异常的代码，try 代码块的功能就是监视异常的发生。如果 try 块中的代码产生异常对象则由 catch 块进行捕获并处理，也就是说 catch 代码块中的代码用于处理 try 代码块中抛出的具体异常类型的异常对象。try、catch 用法示意图如图 6-2 所示。

图 6-2 对应的语法格式如下。

```
try {
// 代码段(可能发生异常代码)
```

```
} catch (Throwable ex) {
// 对异常进行处理的代码段
}
```

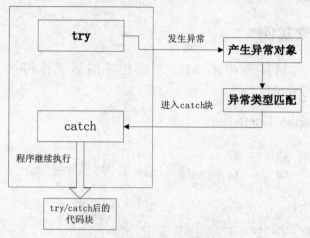

图 6-2　try 和 catch 应用示意图

下述代码用于实现任务描述 6.D.2，演示 try、catch 用法。

【描述 6.D.2】　TryCatchDemo.java

```
public class TryCatchDemo {
    public static void main(String[] args) {
        //定义一个 String 变量，值为 null
        String str = null;
        try {
            if (str.equals("hello")) {
                System.out.println("hello java");
            }
        } catch (NullPointerException e) {
            System.out.println("空指针异常");
        }
    }
}
```

执行结果如下。

空指针异常

通过运行结果可以看出，try 块所监视的代码产生了一个 NullPointerException 类型的异常对象，并由 catch 块捕获并加以处理。

6.2.3 多重 catch 处理异常

在一个程序中可能会引发多种不同类型的异常，此时可以提供多个 catch 语句用来捕获用户感兴趣的异常。当引发异常时，程序会按顺序来查看每个 catch 语句块，并执行第一个与异常类型匹配的 catch 语句块，其后的 catch 语句块将被忽略。多重 catch 用法示意图如图6-3 所示。

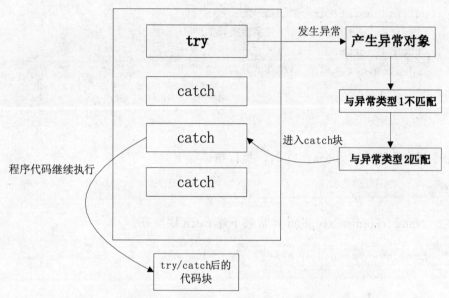

图 6-3 多重 catch 语句块运行流程图

图 6-3 示意图对应的语法格式如下所示。

```
try {
// 代码段
// 产生异常(异常类型 2)
} catch (异常类型 1 ex) {
// 对异常进行处理的代码段
} catch (异常类型 2 ex) {
// 对异常进行处理的代码段
} catch (异常类型 3 ex) {
// 对异常进行处理的代码段
}
// 代码段
}
```

下述代码用于实现任务描述 6.D.3，演示多重异常的处理。

【描述 6.D.3】 MoreCatchDemo.java

```
class MoreCatchDemo {
```

```
    public static void main(String[] args) {
        try {
            int num0 = Integer.parseInt(args[0]);
            int num1 = Integer.parseInt(args[1]);
            System.out.format("%d*%d=%d", num0, num1, num0 * num1);
        } catch (ArrayIndexOutOfBoundsException ex) {
            System.out.println("数组越界异常!");
        } catch (NumberFormatException ex) {
            System.out.println("数字转换异常!");
        } catch (Exception ex) {
            System.out.println("其他异常! ");
        }
    }
}
```

当命令行参数值分别为 aaa、11 时，执行结果如下。

```
数字转换异常!
```

发生的 NumberFormatException 异常被下述 catch 块捕获。

```
catch (NumberFormatException ex){
//代码省略}
```

当命令行参数值为 1 时，执行结果如下。

```
数组越界异常!
```

发生的 ArrayIndexOutOfBoundsException 异常被如下语句捕获，其他的异常语句不再执行。

```
catch (ArrayIndexOutOfBoundsException ex) {
//代码省略
}
```

注意　命令行参数的输入方法请参考"实践 3"的知识扩展中的命令行参数。

由程序执行结果可以分析出，当一个 catch 语句捕获到一个异常时，剩下的 catch 语句将不再进行匹配。而且捕获异常的顺序和 catch 语句的顺序有关，因此安排 catch 语句的顺序时，首先应该捕获最特殊的异常，然后再逐渐一般化。即先安排子类，再安排父类。

下述代码用于实现任务描述 6.D.3，当 catch 出现的先后顺序不符合要求时编译不通过。

【描述 6.D.3】 CatchOrder.java

```
public class CatchOrder {
    public static void main(String[] args) {
```

```
        //定义字符串
        String number = "s001";
        try {
            //把 number 转换成整型数值
            int result = Integer.parseInt(number);
            System.out.println("the result is: "+result);
        } catch (Exception e) {
            System.out.println("message: " + e.getMessage());
        } catch (ArithmeticException e) {
            e.printStackTrace();
        }
    }
}
```

在上述代码中，由于第一个 catch 语句首先得到匹配，第二个 catch 语句将不会被执行。
编译时将出现下面错误。

```
catch not reached
```

 ### 6.2.4　嵌套异常处理

在某些情况下，代码块的某一个部分引起一个异常，而整个代码块可能又引起另外一个
异常。此时就需要将一个异常处理程序嵌套到另一个中。在使用嵌套的 try 块时，将先执行
内部 try 块，如果没有遇到匹配的 catch 块，则将检查外部 try 块的 catch 块。

比如要完成从控制台传入参数求商的需求，就涉及嵌套 try-catch 语句的应用，下述代码
用于实现任务描述 6.D.4，通过从控制台传入两个数值来完成求商的功能。

【描述 6.D.4】NestedExceptionDemo.java

```
public class NestedExceptionDemo {
    public static void main(String[] args) {
        try {
            try {
                Scanner scanner = new Scanner(System.in);
                // 从控制台中传入两个参数
                int number1 = Integer.parseInt(scanner.next());
                int number2 = Integer.parseInt(scanner.next());
                // 求商运算
                double result = number1 / number2;
                System.out.println("the result is " + result);
            } catch (NumberFormatException e) {
                System.out.println("数字格式转换异常!");
            }
        } catch (ArithmeticException e) {
```

```
            System.out.println("0 做除数无意义!");
        }
    }
}
```

当在控制台中输入 aaa 时，执行结果如下。

```
aaa
数字格式转换异常!
this is the end flag!
```

从执行结果来看，当输入字符串 aaa 时，使用 Integer.parseInt 方法转换不成数字，则发生 NumberFormatException 异常，该异常由第一个 catch 块捕获。

当在控制台中输入两个值 1、0 时，执行结果如下。

```
1
0
0 做除数无意义!
this is the end flag!
```

从执行结果来看，当输入 1、0 时，由于 0 做除数违反数学运算，引发了 ArithmeticException 异常，该异常由嵌套在外面的 catch 块捕获。

6.2.5 finally

在某些特定的情况下，不管是否有异常发生，总是要求某些特定的代码必须被执行，比如进行数据库连接时，不管对数据库的操作是否成功，最后都需要关闭数据库的连接并释放内存资源。这就需要用到 finally 关键字，finally 不能单独使用，必须和 try 结合使用，有两种用法，try-finally 和 try-catch-finally，其中第二种用法比较常用，该用法的示意图如图 6-4 所示。

try、catch 和 finally 的语法格式如下所示。

```
try {
// 代码段(可能发生异常代码)
} catch (Throwable ex) {
// 对异常进行处理的代码段
} finally {
// 总要被执行的代码
}
```

在 Java 中捕获异常时，首先用 try 选定要捕获异常的范围，其次在执行时，catch 后面括号内的代码会产生异常对象并被抛出，最后就可以用使用 catch 块来处理异常，如果有资源释放，可以使用 finally 类代码块进行处理。

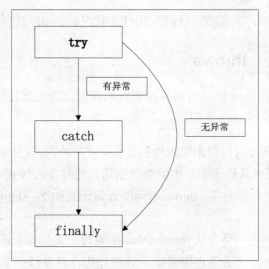

图 6-4　try、catch 和 finally 应用示意图

　　下述代码用于实现任务描述 6.D.5，FinallyDemo 类模拟对数据库的操作，并对 try、catch 和 finally 进行测试。

【描述 6.D.5】 FinallyDemo.java

```java
public class FinallyDemo {
    public static void main(String[] args) {
        System.out.println("请打开数据库连接......");
        try {
            System.out.println("执行查询操作");
            System.out.println("执行修改操作");
            // 使用 0 做除数
            int i = 12 / 0;
            System.out.println("结果是:" + i);
        } catch (Exception ex) {
            System.out.println("除零出错! ");
        } finally {
            System.out.println("关闭数据库连接......");
        }
    }
}
```

　　执行结果如下。

```
请打开数据库连接......
执行查询操作
执行修改操作
除零出错!
关闭数据库连接......
```

从上面结果可以看到，无论前面代码发生什么状况，finally 代码块最终都要执行。

 ### 6.2.6 throw、throws

前面讨论了如何捕获 Java 运行时由系统引发的异常，如果想在程序中明确地引发异常，则需要用到 throw 语句或 throws 语句。

- throw 语句：throw 语句用来明确地抛出一个"异常"。这里请注意，用户必须得到一个 Throwable 类或其他子类产生的对象引用，通过参数传到 catch 子句，或者用 new 语句来创建一个异常对象。throw 语句的通常形式如下：throw ThrowableInstance（异常对象）
- throws 语句：如果一个方法 methodName() 可以引发异常，而它本身并不对该异常进行处理，那么该方法必须声明将这个异常抛出，以使程序能够继续执行下去。这时候就要用到 throws 语句。throws 语句的常用格式如下所示。

```
returnType  methodName() throws ExceptionType1,ExceptionType2{
// body
}
```

在实际应用中，一般都需要 throw 和 throws 语句组合应用，可以在捕获异常后，抛出一个明确的异常给调用者。

下述代码用于实现任务描述 6.D.6，演示了 throw 和 throws 语句的组合应用。

【描述 6.D.6】 ThrowAndThrowsDemo.java

```java
public class ThrowAndThrowsDemo {
    public static void main(String[] args) {
        testThrow(args);
    }
    /**
     * 调用有异常的方法
     */
    public static void testThrow(String[] tmp) {
        try {
            createThrow(tmp);
        } catch (Exception e) {
            System.out.println("捕捉来自 createThrow 方法的异常");
        }
    }
    /**
     * 抛出一个具体的异常
     */
    public static void createThrow(String[] tmp) throws Exception {
        int number = 0;
```

```
    try {
        number = Integer.parseInt(tmp[0]);
    } catch (Exception e) {
        throw new ArrayIndexOutOfBoundsException("数组越界");
    }
    System.out.println("你输入的数字为: " + number);
    }
}
```

throw 语句是编写在方法之中的，而 throws 语句是用在方法签名之后的。在同一个方法中使用 throw 和 throws 时要注意，throws 抛出的类型的范围比 throw 抛出的对象的类型范围大或者相同。

Java 异常处理中，5 个关键字（try、catch、finally、throw、throws）的关系如图 6-5 所示。

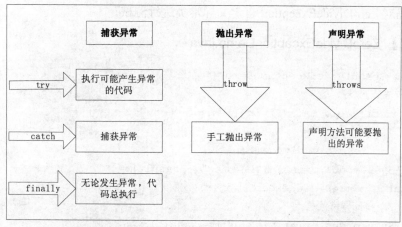

图 6-5　try、catch、finally、throw、throws 的关系示意图

6.3　自定义异常

尽管 Java 中提供了众多异常处理类，但程序设计人员有时候需要定义自己的异常类来处理某些问题，比如可以抛出中文文字的异常提示信息，帮助客户了解异常产生的原因。这种情况下用户只要定义一个直接或间接继承 Throwable 的类就可以了。一般情况下，自定义的异常类都选择 Exception 或 RuntimeException 作为父类。

下述代码用于实现任务描述 6.D.7。首先自定义一个异常类 ZeroDivideException，代码如下所示。

【描述 6.D.7】 ZeroDivideException.java

```
public class ZeroDivideException extends Exception {
    private static final long serialVersionUID = 7631327655049438891L;
```

```
    public ZeroDivideException() {
        super();
    }

    public ZeroDivideException(String msg) {
        super(msg);
    }
    public ZeroDivideException(Throwable cause) {
        super(cause);
    }
    public ZeroDivideException(String msg, Throwable cause) {
        super(msg, cause);
    }
}
```

下述代码对 ZeroDivideException 自定义异常类进行测试。

【描述 6.D.7】 ZeroDivideExceptionDemo.java

```
public class ZeroDivideExceptionDemo {
    /* 测试方法如下 */
    public static void main(String[] args) {
        try {
            int result = divide(10, 0);
            System.out.println("结果是: " + result);
        } catch (ZeroDivideException ex) {
            // 打印异常信息
            System.out.println(ex.getMessage());
            // 打印异常栈信息
            ex.printStackTrace();
        }
    }
    /* ZeroDivideException 的使用方法 */
    public static int divide(int oper1, int oper2) throws ZeroDivideException {
        if (oper2 == 0) {
            throw new ZeroDivideException("0 做除数无意义!");
        }
        return oper1 / oper2;
    }
}
```

注意 并不是对所有方法都要进行异常处理，因为异常处理将占用一定的资源，影响程
序的执行效率。

在使用异常时下面几点建议需要注意。

- 对于运行时异常，如果不能预测它何时发生，程序可以不做处理，而是让 JVM 去处理它；
- 如果程序可以预知运行时异常可能发生的地点和时间，则应该在程序中进行处理，而不应简单地把它交给运行时系统；
- 在自定义异常类时，如果它所对应的异常事件通常总是在运行时产生的，而且不容易预测它将在何时、何处发生，则可以把它定义为运行时异常（非检查型异常），否则应定义为非运行时异常（检查型异常）。

小结

通过本章的学习，读者应该能够学会：

- Java 异常处理机制采用统一和相对简单的抛出和处理错误的机制；
- 异常分为 Error 和 Exception 两类，java.lang.Throwable 类是两者的父类；
- 从编程角度考虑可以将异常分为两类：非检查型异常和检查型异常；
- Error 类对象由 Java 虚拟机生成并抛出，程序无须处理；
- Exception 类对象由应用程序处理或抛出，应定义相应处理方案；
- Java 使用 try、catch、finally 来捕获异常；
- Java 使用 throw、throws 来抛出异常；
- Java 中可以自定义异常用于满足特殊业务处理。

练习

1. Throwable 类是下面哪两个类的直接父类_____。
   A. Object   B. Error   C. Exception   D. RuntimeException
2. 下面_____类是 Throwable 类的父类。
   A. Object   B. Error   C. Exception   D. RuntimeException
3. 下面属于非检查型异常的类是_____。
   A. ClassNotFoundException

   B. NullPointerException

   C. Exception

   D. IOException
4. 用于方法声明抛出异常类型的关键字是_____。
   A. try   B. throws   C. throw   D. catch
5. 下面_____关键字用来标明一个方法可能抛出的各种异常。

A. try   B. throws   C. throw   D. catch

6. 能单独和 finally 语句一起使用的块是_____。

A. try   B. catch   C. throw   D. throws

7. 可以使用_____关键词来跳出一个 try 块而进入 finally 块。

A. catch   B. return   C. while   D. goto

8. 给出下面的方法：

```
public void example(){
try{
unsafe();
System.out.println("Test1");
}catch(SafeException e){
System.out.println("Test 2");
}finally{
System.out.println("Test 3");
}
System.out.println("Test 4");
}
```

请问当 unsafe()方法正常执行后，该方法输出的结果是_____（多项选择）。

A. Test 1   B. Test 2   C. Test 3   D. Test 4

9. 下列类中在多重 catch 中同时使用时，_____异常类应该最后列出。

A. NullPointException   B. Exception

C. ArithmeticException   D. NumberFormatException

10. Error 和 Exception 有什么区别？

11. 什么是检查型异常和非检查型异常？

12. 简述一下 Java 异常处理机制。

13. Java 语言如何进行异常处理，关键字 throws、throw、try、catch、finally 分别代表什么意义？在 try 块中可以抛出异常吗？

14. 编写类 InsuranceCheck 和自定义异常类 AgeException。用 2010 年减去某人的出生年份计算其年龄。然后用年龄减去 16 计算其驾龄。如果驾龄少于 4 年的驾驶员，每年需缴纳 2000 元保险费，其他人则支付 1000 元，如果未满 16 周岁，则不需交纳保险费，并且引发异常（年龄太小，不用保险）。

第7章 泛 型

本章目标

- 理解泛型的概念
- 掌握泛型类的创建和使用
- 掌握泛型方法的创建和使用
- 掌握泛型接口的创建和使用
- 掌握泛型在继承中的应用
- 掌握泛型使用的限制

学习导航

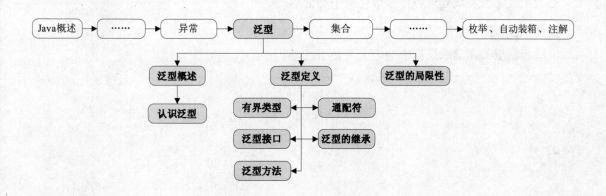

任 务 描 述

【描述 7.D.1】

不使用泛型实现参数化类型。

【描述 7.D.2】

使用泛型实现参数化类型。

【描述 7.D.3】

使用 extends 关键字实现有界类型泛型类的定义。

【描述 7.D.4】

定义泛型接口用于计算某对象集的平均值并实现该接口。

【描述 7.D.5】

实现在非泛型类中定义并使用泛型方法。

【描述 7.D.6】

使用通配符实现处理各种参数化类型的情形。

【描述 7.D.7】

演示泛型类在继承层次中的定义及使用。

7.1   泛型概述

泛型是 JDK 5.0 的新特性，泛型的本质是参数化类型，即所操作的数据类型被指定为一个参数。这种类型参数可以用在类、接口和方法的创建中，分别称为泛型类、泛型接口、泛型方法。Java 语言引入泛型的好处是安全简单。

7.1.1   认识泛型

在 JDK 5.0 之前，没有泛型的情况下，通过对类型 Object 的引用来实现参数的"任意化"，但"任意化"带来的缺点是需要显式地强制类型转换，此种转换要求开发者在实际参数类型预知的情况下进行。对于强制类型转换错误的情况，编译器可能不提示错误，但在运行的时候会出现异常，这是一个安全隐患。

下述代码用于实现任务描述 7.D.1，不使用泛型实现参数化类型。

首先利用 Java 的继承特性——所有的类都继承自 Object 类，定义"泛型类"NoGeneric。

【描述 7.D.1】 NoGeneric.java

```java
public class NoGeneric {
    private Object ob; // 定义一个通用类型成员
    public NoGeneric(Object ob) {
        this.ob = ob;
    }
    public Object getOb() {
        return ob;
    }
    public void setOb(Object ob) {
        this.ob = ob;
    }
    public void showType() {
        System.out.println("实际类型是: " + ob.getClass().getName());
    }
}
```

再创建一个 Integer 版本和 String 版本的 NoGeneric 对象进行测试，代码如下。

【描述 7.D.1】 NoGenericDemo.java

```java
public class NoGenericDemo {
    public static void main(String[] args) {
        // 定义类 NoGeneric 的一个 Integer 版本
        NoGeneric intOb = new NoGeneric(new Integer(88));
        intOb.showType();
        int i = (Integer) intOb.getOb();
```

```
        System.out.println("value= " + i);
        System.out.println("------------------------------------");
        // 定义类 NoGeneric 的一个 String 版本
        NoGeneric strOb = new NoGeneric("Hello Gen!");
        strOb.showType();
        String s = (String) strOb.getOb();
        System.out.println("value= " + s);
    }
}
```

执行结果如下。

```
实际类型是: java.lang.Integer
value= 88
------------------------------------
实际类型是: java.lang.String
value= Hello Gen!
```

上述示例使用时有两点需要特别注意，首先，如下述语句：

```
String s = (String) strOb.getOb();
```

在使用时必须明确指定返回对象需要被强制转化的类型为 Sting，否则无法编译通过；其次，由于 intOb 和 strOb 都属于 NoGeneric 的类型，假如执行下述语句将 strOb 赋给 intOb。

```
intOb=strOb;
```

此种赋值从语法上是合法的，而从语义上是一条错误的语句。对于这种情况，只有在运行时才会出现异常。使用泛型就不会出现上述错误，泛型的好处是在编译的时候检查类型安全，并能捕捉类型不匹配错误，并且所有的强制转换都是自动和隐式的，提高代码的重用率。

下述代码用于实现任务描述 7.D.2，使用泛型实现参数化类型，实现上述应用。

首先利用泛型定义泛型类 Generic，代码如下。

【描述 7.D.2】 Generic.java

```
public class Generic<T> {
    private T ob; // 定义泛型成员变量
    public Generic(T ob) {
        this.ob = ob;
    }
    public T getOb() {
        return ob;
    }
    public void setOb(T ob) {
        this.ob = ob;
```

```
    }
    public void showTyep() {
        System.out.println("实际类型是: " + ob.getClass().getName());
    }
}
```

再创建一个 Integer 版本和 String 版本的 Generic 对象进行测试，代码如下。

【描述 7.D.2】 GenericDemo.java

```
public class GenericDemo {
    public static void main(String[] args) {
        // 定义泛型类 Genneric 的一个 Integer 版本
        Generic<Integer> intOb = new Generic<Integer>(88);
        intOb.showTyep();
        int i = intOb.getOb();
        System.out.println("value= " + i);
        System.out.println("-----------------------------------");
        // 定义泛型类 Genneric 的一个 String 版本
        Generic<String> strOb = new Generic<String>("Hello Gen!");
        strOb.showTyep();
        String s = strOb.getOb();
        System.out.println("value= " + s);
    }
}
```

执行结果如下。

```
实际类型是: java.lang.Integer
value= 88
-----------------------------------
实际类型是: java.lang.String
value= Hello Gen!
```

在引入泛型的前提下，如果再次执行如下语句将提示错误，编译无法通过。

```
intOb=strOb;
```

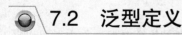

7.2 泛型定义

任务描述 7.D.2 所示的泛型语法结构归纳为如下形式。

```
class class-name <type-param-list>{//…}
```

实例化泛型类的语法结构如下。

```
class-name<type-param-list> obj =new class-name<type-param-list>(cons-arg-list)
```

其中，type-param-list 用于指明当前泛型类可接受的类型参数占位符的个数，如任务描述 7.D.2 中：

```
class Generic<T>{//…}
```

这里的 T 是类型参数的名称，并且只允许传一个类型参数给 Generic 类。在创建对象时，T 用作传递给 Generic 的实际类型的占位符。T 始终被放在 "<>" 中，每当声明类型参数时，只需用目标类型替换 T 即可。如：

```
Generic<Integer> intOb;
```

声明对象时，占位符 T 用于指定实际类型，如果传递给 T 的类型是 Integer，属性 ob 就是 Integer 类型。类型 T 还可以用来指定方法的返回类型，如：

```
public T getOb() {
    return ob;
}
```

下述语句用于对泛型对象进行初始化。

```
intOb = new Generic<Integer>(88);
```

在调用 Generic 构造函数时，需要指定 Integer 类型信息，这一点是必须做。如果不指定，或指定的类型信息与声明时不一致，都将导致一个编译错误。

理解泛型有三点需要特别注意：

- 泛型的类型参数只能是类类型（包括自定义类），不能是基本数据类型；
- 同一种泛型可以对应多个版本（因为类型参数是不确定的），不同版本的泛型类实例是不兼容的；
- 泛型的类型参数可以有多个。

注意 根据惯例，泛型类定义时通常使用一个唯一的大写字母表示一个类型参数。

7.2.1 有界类

定义泛型类时，可以向类型参数指定任何类类型信息，特别是集合框架操作中，可以最大限度地提高泛型类的适用范围。但有时候需要对类型参数的取值进行一定程度的限制，以使数据具有可操作性。

为了处理这种情况，Java 提供了有界类型。在指定类型参数时可以使用 extends 关键字限制此类型参数代表的类必须继承自指定父类或父类本身。

下述代码用于实现任务描述 7.D.3，使用 extends 关键字实现有界类型泛型类的定义。

【描述 7.D.3】 BoundGeneric.java

```java
public class BoundGeneric<T extends Number> {
    // 定义泛型数组
    T [] array;
    public BoundGeneric(T [] array) {
        this.array=array;
    }
    // 计算总和
    public double sum(){
        double sum=0.0;
        for(T element : array){
            sum =sum+element.doubleValue();
        }
        return sum;
    }
}
```

在 BoundGeneric 类的定义中，使用 extends 将 T 的类型限制为 Number 类的子类。由于向 Java 编译器指定 T 为 Number 类型的子类，故可以在定义过程中调用 Number 类的 doubleValue 方法。现在分别指定 Integer、Double、String 类型作为类型参数，测试 BoundGeneric。

【描述 7.D.3】 BoundGenericDemo.java

```java
public class BoundGenericDemo {
    public static void main(String[] args) {
        Integer []intArray = {1,2,3,4};
        // 使用整型数组构造泛型对象
        BoundGeneric<Integer> iobj = new BoundGeneric<Integer>(intArray);
        System.out.println("iobj 的和为: "+iobj.sum());
        Double []dArray={1.0,2.0,3.0,4.0};
        // 使用 Double 型数组构造泛型对象
        BoundGeneric<Double> dobj = new BoundGeneric<Double>(dArray);
        System.out.println("dobj 的和为: "+dobj.sum());
        String []strArray={"str1","str2"};
        // 下面语句将报错，String 不是 Number 的子类
        // BoundGeneric<String> sobj = new BoundGeneric<String>(strArray);
    }
}
```

执行结果如下。

```
iobj 的和为: 10.0
dobj 的和为: 10.0
```

注意 在使用 extends（如：T extends someClass）声明的泛型类进行实例化时，允许传递的类型参数是：如果 someClass 是类，可以传递 someClass 本身及其子类；如果 someClass 是接口，可以传递实现接口的类。

7.2.2 泛型接口

可以使用泛型定义泛型接口，泛型接口的定义方法与泛型类类似，语法结构如下所示。

```
interface interface-name<type-param-list>{//…}
```

下述代码用于实现任务描述 7.D.4，定义泛型接口用于计算某对象集的平均值并实现该接口。

首先创建了一个泛型接口，用于计算某对象集的平均值，代码如下。

【描述 7.D.4】 Average.java

```java
public interface Average<T extends Number> {
    double avg();
}
```

上述代码中，类型参数是 T，且它必须扩展 Number，以使操作 avg 方法操作有效。

现在定义 AverageImpl 类，实现 Average 接口，代码如下。

【描述 7.D.4】 AverageImpl.java

```java
public class AverageImpl<T extends Number> implements Average<T> {
    T[] array;
    public AverageImpl(T[] array) {
        this.array = array;
    }
    // 实现接口方法，计算平均值
    public double avg() {
        double sum = 0.0;
        for (T element : array) {
            sum = sum + element.doubleValue();
        }
        return sum / array.length;
    }
}
```

通常，如果一个类实现一个泛型接口，则此类必须也是泛型，且此类至少接受传递给接口的类型参数。这里，AverageImpl 声明类型参数 T 后将它传递给 Average。

由于 Average 需要一个扩展 Number 的类型参数，在实现类中必须指定同样的限制，而且此限制一旦建立就无须在 implements 子句中再次指定，否则报错。

现在分别指定 Integer、Double 类型作为类型参数进行测试。

【描述 7.D.4】 AverageDemo.java

```java
public class AverageDemo {
    public static void main(String[] args) {
        Integer []intArray = {1,2,3,4};
        // 使用整型数组构造泛型对象
        AverageImpl<Integer> iobj = new AverageImpl<Integer>(intArray);
        System.out.println("iobj 的平均值: "+iobj.avg());
        Double []dArray={1.0,2.0,3.0,4.0};
        // 使用 Double 型数组构造泛型对象
        AverageImpl<Double> dobj = new AverageImpl<Double>(dArray);
        System.out.println("dobj 的平均值: "+dobj.avg());
    }
}
```

执行结果如下。

```
iobj 的平均值: 2.5
dobj 的平均值: 2.5
```

7.2.3　泛型方法

除了泛型类和泛型接口，也可以使用泛型定义泛型方法。如前面的例子所示，泛型类中的方法可以利用类的类型参数，泛型与此类型参数自动关联。如需创建包含在非泛型类中的泛型方法，可以采用如下结构定义。

```
<type-param-list> return-type method-name(param list){//…}
```

这里，type-param-list 是类型参数列表，此列表位于返回类型前声明，用于指定泛型方法使用的类型参数。

下述代码用于实现任务描述 7.D.5，演示在非泛型类中定义并使用泛型方法。

首先创建了一个普通类，并实现一个泛型方法用于比较两个数组的和是否相等，代码如下所示。

【描述 7.D.5】 GenericMethod.java

```java
public class GenericMethod {
    // 根据传递的数组计算数组总和
    public static <T extends Number> double sum(T[] arrays) {
        double sum = 0.0;
```

```
        for (T element : arrays) {
            sum = sum + element.doubleValue();
        }
        return sum;
    }
    // 根据传递的数组比较数组总和是否相等，如果相等返回 0
    // 如果第一个数组的和大于第二个数组返回 1，否则返回-1
    public static <T extends Number> int sumEquals(T[] arrays1, T[] arrays2) {
        double sum1= sum(arrays1);
        double sum2 = sum(arrays2);
        if (sum1 ==sum2)
            return 0;
        else if (sum1>sum2)
            return 1;
        else
            return -1;
    }
}
```

根据上述定义，实现测试代码如下。

【描述 7.D.5】 GenericMethodDemo.java

```
public class GenericMethodDemo {
    public static void main(String[] args) {
        Integer[] intArray1 = { 1, 2, 3, 4 };
        Integer[] intArray2 = {-1, 2, 3, 6 };
        // 比较两个整型数组
        int result = GenericMethod.sumEquals(intArray1, intArray2);
        System.out.println(result);
        if (result == 0) {
            System.out.println("sum(intArray1) == sum(intArray2)");
        }
        // 比较整型数组和浮点类型数组
        Double []dArray={1.0,2.0,3.0,4.0};
        result = GenericMethod.sumEquals(intArray1, dArray);
        System.out.println(result);
        if (result == 0) {
            System.out.println("sum(intArray1) == sum(dArray)");
        }
        String []strArray1={"str1","str2"};
        // 下面语句将报错，String 不是 Number 的子类
        // result = GenericMethod.sumEquals(strArray1, intArray1);
    }
```

```
}
```

执行结果如下。

```
sum(intArray1) == sum(intArray2)
sum(intArray1) == sum(dArray)
```

 7.2.4　通配符

使用前面定义的 Generic 类，考虑下述代码。

```
public class WildcardDemo {
    public static void func(Generic<Object> g) {
        // ...
    }
    public static void main(String[] args) {
        Generic<Object> obj = new Generic<Object>(12);
        func(obj);
        Generic<Integer> iobj = new Generic<Integer>(12);
        // 这里将产生一个错误
        func(iobj);
    }
}
```

首先，上述代码的 func()方法的创建意图是能够处理各种类型参数的 Generic 对象，因为 Generic 是泛型，所以在使用时需要为其指定具体的参数化类型 Object，这看似不成问题，但在如下代码处将产生一个编译错误。

```
func(iobj);
```

因为 func 定义过程中以明确声明的 Generic 的类型参数为 Object，这里试图将 Generic<Integer>类型的对象传递给 func()方法，类型不匹配导致了编译错误。这种情况可以使用通配符解决。通配符由"?"来表示，它代表一个未知类型。

下述代码用于实现任务描述 7.D.6，使用通配符重新定义上述处理过程，实现处理各种参数化类型的情形。

【描述 7.D.6】 WildcardDemo.java

```
public class WildcardDemo {
    public static void func(Generic<?> g) {
        // ...
    }
    public static void main(String[] args) {
        Generic<Object> obj = new Generic<Object>(12);
```

```
      func(obj);
      Generic<Integer> g = new Generic<Integer>(12);
      func(g);
   }
}
```

在上述代码中，方法 func()的声明采用了通配符格式，指定可以处理各种类型参数的
Generic 对象，上述语句将无误的编译、运行。

在通配符的使用过程中，也可以通过 extends 关键字限定通配符界定的类型参数的范围。
调整描述 7.D.6 的代码如下。

【描述 7.D.6】 WildcardDemo2.java

```
public class WildcardDemo2 {
   public static void func(Generic<? extends Number> g) {
      // ...
   }
   public static void main(String[] args) {
      Generic<Object> obj = new Generic<Object>(12);
      // 这里将产生一个错误
      func(obj);
      Generic<Integer> g = new Generic<Integer>(12);
      func(g);
   }
}
```

上述代码，在 func()方法中，使用了如下语句限制了 Generic 的类型参数必须是 Number
本身或是其子类。

```
func(Generic<? extends Number> g)
```

此时语句如下：

```
func(obj);
```

这时将提示编译错误。

 ## 7.2.5　泛型的继承

和非泛型类一样，泛型类既可以作为父类也可以作为子类，在泛型类的继承层次中，全
部子类必须将泛型父类所需的类型参数沿继承层次向上传递。

下述代码用于实现任务描述 7.D.7，演示在继承层次中泛型类的定义及使用。

这里泛型父类使用前面定义的 Generic，子类定义如下所示。

【描述 7.D.7】 GenericDerived.java

```java
public class GenericDerived<T, V> extends Generic<T> {
    V dob;
    public GenericDerived(T ob, V dob) {
        super(ob);
        this.dob = dob;
    }
    public V getDob() {
        return dob;
    }
    public void setDob(V dob) {
        this.dob = dob;
    }
    public void showType() {
        System.out.println("V 实际类型是: " + dob.getClass().getName());
    }
}
```

在 GenericDerived 的声明中，T 是传递给父类 Generic 的类型参数，V 是 GenericDerived 特有的类型参数，父类需要的类型参数通过在构造函数中，使用 super 方法向上依次传递。

针对上述定义，执行如下测试。

```java
public class GenericDerivedDemo {
    public static void main(String[] args) {
        Generic<Integer> obj;
        // 定义泛型类 Generic 的一个 Integer 版本
        Generic<Integer> intOb = new Generic<Integer>(88);
        intOb.showType();
        // 定义泛型类 GenericDerived 的对象
        GenericDerived<Integer,String> derived =
        new GenericDerived<Integer, String>(12,"test string");
        derived.showType();
    }
}
```

执行结果如下。

```
T 实际类型是: java.lang.Integer
V 实际类型是: java.lang.String
```

还有一点需要注意，泛型类中的方法跟其他方法一样，在继承关系中可以重写。上述代码在 Derived 类中对 showType()方法进行了重写。

注意　在继承层次中，一个非泛型类成为一个泛型子类的父类是完全允许的。

 7.3　泛型的局限性

Java 并没有真正实现泛型，是编译器在编译的时候在字节码上做了手脚（称为擦除），这种实现理念造成 Java 泛型本身有很多漏洞。为了规避这些问题 Java 对泛型的使用上做了一些约束，但不可避免还是有一些问题存在。这其中大多数限制都是由类型擦除引起的。

1. 泛型类型不能被实例化

不能实例化泛型类型。例如，如下所示的 Gen<T>构造器是非法的。

```
public class Gen<T> {
    T ob;       ''
    public Gen(){
        ob = new T();
    }
}
```

类型擦除将变量 T 替换成 Object，但这段代码的本意肯定不是调用 new Object()。

类似地，不能建立如下泛型数组。

```
public <T> T[] build(T[] a){
    T[] arrays = new T[2];
    // ...
}
```

类型擦除会让这个方法总是构造一个 Object[2]数组。

但是，可以通过调用 Class.newInstance 和 Array.newInstance 方法，利用反射构造泛型对象和数组。

注意　关于擦除的概念可参考实践 7 的实践指导部分。

2. 不能声明参数化类型的数组

首先，不能实例化原始类型是类型参数的数组。如下面的语句是非法的。

```
T [] vals;
vals = new T[10];
```

因为 T 在运行时是不存在的，编译器无法知道实际创建哪种类型的数据。

其次，不能创建一个类型特定的泛型引用的数组，下面的语句是非法的。

```
Gen<String> [] arrays = new Gen<String>[100];
```

上述语句会损害类型安全。

如果使用通配符，就可以创建泛型类型的引用数组，如下所示。

```
Gen<?> []arrays = new Gen<?>[10];
```

3. 不能用类型参数替换基本类型

因为擦除类型后原先的类型参数被 Object 或者限定类型替换，而基本类型是不能被对象所存储的。但是可以使用它们的包装类。

4. 异常

不能抛出也不能捕获泛型类的对象，使用泛型类来拓展 Throwable 也是非法的。下面的语句是非法的。

```
public class GenericException <T> extends Exception{
    //泛型类无法继承Throwable，非法
}
```

不能在 catch 子句中使用类型参数。例如，下面的方法将不能编译。

```
public static <T extends Throwable> void doWork(Class<T> t){
    try{
        // ...
    }catch(T e){//不能捕获类型参数异常
        // ...
    }
}
```

但是，在异常声明中可以使用类型参数。下面这个方法是合法的。

```
public static <T extends Throwable> void doWork(T t) throws T{//可以通过
    try{
    }catch(Throwable realCause){
        throw t;
    }
}
```

5. 静态成员

不能在静态变量或者静态方法中引用类型参数。如下述语句是非法的。

```
public class Gen<T>{
    // 静态变量不能引用类型参数
    static T ob;
    // 静态方法不能引用类型参数
    static T getOb(){
        return ob;
    }
}
```

尽管不能在静态变量或静态方法中引用类型参数，但可以声明静态泛型方法。

小结

通过本章的学习，读者应该能够学会：

- 泛型本质上是指参数化类型；
- 泛型的类型参数只能是类类型（包括自定义类），不能是基本数据类型；
- 利用泛型可以定义泛型类、泛型方法、泛型接口；
- 泛型弥补了 JDK5.0 之前的版本所缺乏的类型安全，简化了对象操作过程；
- 同一种泛型可以对应多个版本（因为类型参数是不确定的），不同版本的泛型类实例是不兼容的；
- 泛型的类型参数可以有多个；
- 泛型的类型参数可以使用 extends 语句，习惯上称为"有界类型"；
- 泛型的类型参数还可以是通配符类型。

练习

1. 给定如下代码：

```
1.    public class Test {
2.        public static <T extends Number> void func(T t) {
3.        // ...
4.        }
5.        public static void main(String[] args) {
6.        //调用func方法
7.        }
8.    }
```

在第 6 行处，调用 func 方法时，当传入下面_____参数时，编译不通过。

A. 1   B. 1.2d   C. 100L   D. "hello"

2. 简述一下使用泛型有什么优点？

3. 编写一个泛型方法 add()，当传入不同数字类型的值时，能够进行加法运算，（如可以传入 int、long、float、double 类型，但要对传入的值做一定的限定，如必须是数字）。

第8章　集　　合

本章目标↘

- 理解 Java 集合框架的结构
- 掌握 Java 迭代器接口的使用
- 掌握 List 结构集合类的使用
- 掌握 Set 结构集合类的使用
- 掌握 Map 结构集合类的使用
- 掌握 foreach 语句的使用

学习导航↘

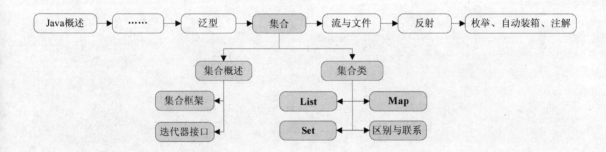

153

任务描述

【描述 8.D.1】

基于 String 类型演示泛型 ArrayList 的常用操作，包括：增加、删除、修改、遍历。

【描述 8.D.2】

基于 String 类型演示泛型 HashSet 的使用。

【描述 8.D.3】

基于 String 类型演示泛型 TreeSet 的使用。

【描述 8.D.4】

基于 String 和 Integer 类型演示泛型 HashMap 的使用。

【描述 8.D.5】

基于 String 和 Integer 类型演示泛型 TreeMap 的使用。

8.1　集合概述

在面向对象编程中，数据结构是用类来描述，并且包含对该数据结构操作的方法。在 Java 语言中，Java 的设计者对常用的数据结构和算法做了一些规范（接口）和实现（具体实现接口的类）。所有抽象出来的数据结构和操作（算法）统称为 Java 集合框架（Java Collection Framework，简称 JCF）。Java 程序员在具体应用时，不必考虑数据结构和算法实现细节，只需要用这些类创建出一些对象，然后直接应用即可，大大提高了编程效率。

集合框架的引入为编程带来了如下优势：

- 集合框架强调了软件的复用。集合框架通过提供有用的数据结构和算法，使开发者能将注意力集中于程序的重要部分上；
- 集合框架通过提供对有用的数据结构（动态数组、链接表、树和散列表）和算法的高性能、高质量的实现使程序的运行速度和质量得到提高；
- 集合框架必须允许不同类型的类集以相同的方式和高度互操作的方式工作；
- 集合框架允许扩展或修改；
- 集合框架 API 易学易用；
- "集合框架"主要由一组用来操作对象的接口组成，不同接口描述一组不同数据类型。

随着泛型概念的引入，JDK5.0 对集合框架进行了彻底的调整，使集合框架完全支持泛型，集合操作更加方便、安全。

注意　本章框架结构介绍及操作示例演示皆基于泛型操作。

8.1.1　集合框架

Java 的集合框架主要由一组用来操作对象的接口组成，不同接口描述一组不同数据类型。抽其核心，主要接口有 Collection、List、Map 和 Set。在一定程度上，一旦理解了接口，就理解了框架，就可以快捷地使用类集。其简化框架图如图 8-1 所示。

注意　图 8-1 中虚线框是接口，实线框是类，加粗的实线框是本章重点。

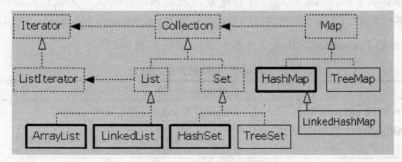

图 8-1　简化框架图

1. Collection 接口

Collection 接口是构造类集框架的基础，用于表示任何对象或元素组。该接口中声明了所有类集都将拥有的核心方法，例如提供了基本操作添加、删除等，并且提供了一组操作成批对象的方法，还提供了支持查询操作如是否为空的 isEmpty()方法等。Collection 接口中常用的方法及功能如表 8-1 所示。

表 8-1　Collection 的方法列表

方法名	功能说明
boolean add(E obj)	将 obj 加入到调用类集中，成功则返回 true
boolean addAll(Collection<? extends E> c)	将 c 中的所有元素都加入到类集中，操作成功返回 true
void clear( )	从类集中删除所有元素
boolean contains(Object obj)	确定类集中是否包含指定的对象 obj，存在返回 true
boolean containsAll(Collection<?> c)	确定类集中是否包含指定集合的所有对象，存在返回 true
int hashCode( )	返回调用类集的散列码
boolean isEmpty( )	判断类集是否为空，若为空则返回 true
Iterator<E> iterator( )	返回类集的迭代接口
boolean remove(Object obj)	从类集中删除 obj 实例
boolean removeAll(Collection<?> c)	从类集中删除包含在 c 中的所有元素
boolean retainAll(Collection<?> c)	删除类集中除了包含在 c 中的元素之外的全部元素
int size( )	返回类集中元素的个数
Object[ ] toArray( )	以数组形式返回类集中的所有对象

Collection 在使用时需要注意以下事项：

- 其中几种方法可能会引发一个 UnsupportedOperationException 异常；
- 当企图将一个不兼容的对象加入一个类集中时，将产生 ClassCastException 异常；
- Collection 没有 get()方法来取得某个元素，只能通过 iterator()遍历元素。

注意　虽然一个集合实例可以存储任何 Object 及其子类的对象，但不推荐在同一个集合实例中存储不同类型的对象，建议使用泛型加强集合的安全性。

2. List 接口

List 接口继承 Collection 接口，允许重复，以元素添加的次序来放置元素，不会重新排列。该接口不但能够对列表的一部分进行处理，还添加了面向位置的操作。常用的具体实现类有 ArrayList 和 LinkedList。其常用方法及使用说明如表 8-2 所示。

表 8-2　List 的方法列表

方法名	功能说明
void add(int index, E element)	在指定位置 index 上添加元素 element
boolean addAll(int index, Collection<? extends E> c)	将集合 c 的所有元素添加到指定位置 index

（续表）

方法名	功能说明
E get(int index)	返回 List 中指定位置的元素
int indexOf(Object o)	返回第一个出现元素 o 的位置，否则返回-1
int lastIndexOf(Object o)	返回最后一个出现元素 o 的位置，否则返回-1
E remove(int index)	删除指定位置上的元素
E set(int index,E element)	用元素 element 替换位置 index 上的元素，并且返回旧的元素
ListIterator<E> listIterator()	返回一个列表迭代器，用来访问列表中的元素
ListIterator<E> listIterator(int index)	返回一个列表迭代器，用来从指定位置 index 开始访问列表中的元素
List<E> subList(int start, int end)	返回从指定位置 start（包含）到 end（不包含）范围中各个元素的列表

List 在使用时需要注意以下事项：

- 如果集合不可更改，其中几个方法将引发一个 UnsupportedOperationException 异常；
- 当企图将一个不兼容的对象加入一个类集中时，将产生 ClassCastException 异常；
- 如果使用无效索引，一些方法将出 IndexOutOfBoundsException 异常。

3. Set 接口

Set 接口继承 Collection 接口，Set 中的对象元素不能重复，其元素添加依赖自己内部的一个排列机制。Set 接口没有引入新方法，可以说 Set 就是一个 Collection，只是行为不同。它的常用具体实现有 HashSet 和 TreeSet 类。

4. Map 接口

Map 接口不是 Collection 接口的继承。Map 接口用于维护键-值对（key/value），Map 容器中的键对象不允许重复，而一个值对象又可以是一个 Map，依此类推，这样就可以形成一个多级映射。Map 有两种比较常用的实现：HashMap 和 TreeMap。其常用方法及使用说明如表 8-3 所示。

表 8–3 Map 的方法列表

方法名	功能说明
void clear( )	删除所有的键-值对
boolean containsKey(Object key)	判断 Map 中是否包含了关键字为 key 的键-值对
boolean containsValue(Object key)	判断 Map 中是否包含了值为 key 的键-值对
Set<Map,Entry<K,V>> entrySet( )	返回 Map 中的项的集合，集合对象类型为 Map.Entry
V get(Object key)	获取键为 key 对应的值对象
int hashCode( )	返回 Map 的散列码
boolean isEmpty( )	判断 Map 是否为空
Set<K> keySet( )	返回 Map 中关键字的集合

方法名	功能说明
V put(K key, V value)	放入键-值对为 key-value 的项，如果 key 值已经存在，则覆盖并返回旧值，否则作为增加操作，返回 null
void putAll(Map<? extends K,? extends V> m)	将 m 的项全部加入到当前 Map 中
V remove(Object key)	移除键为 key 对应的项
int size()	返回 Map 中项的个数
Collection<V> values()	返回 Map 中值的集合

映射不是类集，但可以获得映射的类集"视图"。为了实现这种功能，可以使用 entrySet()
方法，它返回一个包含了映射中元素的集合（Set）。为了得到关键字的类集"视图"，可以使
用 keySet()方法。为了得到值的类集"视图"，可以使用 values()方法。类集"视图"是将映
射集成到类集框架内的手段。

5. Collections 和 Arrays

集合框架中还有两个很实用的公用类：Collections 和 Arrays。Collections 提供了对一个
Collections 容器进行诸如排序、复制、查找和填充等一些非常有用的方法，Arrays 则是对一
个数组进行类似的操作。

8.1.2　迭代器接口

迭代器取代了 JCF 中的 Enumeration 接口。迭代器允许调用者在迭代期间从迭代器所指
向和集合中移除元素，并且迭代器的方法名称相对于 Enumeration 接口方法也得到了改进。

1. Iterator 接口

为了支持对 Collection 进行独立操作，Java 的集合框架给出了一个 Iterator，使开发人员
可以泛型操作一个 Collection，而不需要知道这个 Collection 的具体实现类型。它的功能与遗
留的 Enumeration 类似，但是更易掌握和使用，功能也更强大。Iterator 接口方法能以迭代方
式逐个访问集合中各个元素，并安全的从 Collection 中除去适当的元素。其常用方法及使用
说明如表 8-4 所示。

表 8–4　Iterator 的方法列表

方法名	功能说明
boolean hasNext()	判断是否存在另一个可访问的元素，如存在则返回 true
E next()	返回要访问的下一个元素。如果到达集合结尾，则抛出 NoSuchElementException 异常
void remove()	删除上次访问返回的对象。本方法必须紧跟在一个元素的访问后执行。如果上次访问后集合已被修改，方法将抛出 IllegalStateException

注意　对 Iterator 的删除操作会影响底层 Collection。

2. ListIterator 接口

ListIterator 接口继承 Iterator 接口，是列表迭代器，用以支持添加或更改底层集合中的元素，允许程序员双向访问、修改列表。ListIterator 没有当前位置，光标位于调用 previous 和 next 方法返回的值之间，是一个长度为 n 的列表，有 n+1 个有效索引值。其常用方法及使用说明如表 8-5 所示。

表 8-5 ListIterator 的方法列表

方法名	功能说明
void add(E o)	将对象 o 添加到当前位置的前面
void set(E o)	用对象 o 替代 next 或 previous 方法访问的上一个元素
boolean hasPrevious()	判断向后迭代时是否有元素可访问
E previous()	返回上一个对象
int nextIndex()	返回下次调用 next 方法时将返回的元素的索引
int previousIndex()	返回下次调用 previous 方法时将返回的元素的索引

注意 可通过 Collection 接口的 iterator 方法获取当前集合的 Iterator 操作对象。

8.2 集合类

针对集合接口，集合框架提供了具体类对其进行实现和扩展。

8.2.1 List

List 接口的具体实现类常用的有 ArrayList 和 LinkedList。可以将任何东西放到一个 List 容器中，并在需要时从中取出。ArrayList 从其命名中可以看出它是一种类似数组的形式进行存储，因此它的随机访问速度极快；LinkedList 的内部实现基于链表，它适合于在链表中间需要进行频繁的插入和删除操作，经常用于构造堆栈 Stack、队列 Queue。在具体应用时可以根据需要自由选择。ListIterator 提供了对 List 进行双向遍历的方法。

1. ArrayList

ArrayList 支持可随需要而调整的动态数组。其内部封装了一个动态再分配的 Object[]数组。每个 ArrayList 对象有一个 capacity。这个 capacity 表示存储列表中元素数组的容量。当元素添加到 ArrayList 时，它的 capacity 自动增加。在向一个 ArrayList 对象添加大量元素的程序中，可使用 ensureCapacity()方法增加 capacity，此方法可以减少或增加重分配的数量。ArrayList 的部分方法及功能如表 8-6 所示。

表 8-6 ArrayList 的部分方法

方法名	功能说明
ArrayList()	构造方法，用于建立一个空的数组列表
ArrayList(Collection<? extends E> c)	构造方法，用于建立一个用集合 c 数据初始化的数组列表
ArrayList(int capacity)	构造方法，用于建立一个指定初始容量的数组列表

（续表）

方法名	功能说明
void ensureCapacity(int minCapacity)	增加此 ArrayList 对象的容量，以确保它至少能够容纳 minCapacity 个元素数
void trimToSize()	调整 ArrayList 对象的容量为列表当前大小。即释放没用到的空间，应用程序可使用此操作来最小化 ArrayList 对象存储空间

下述代码用于实现任务描述 8.D.1，基于 String 类型演示泛型 ArrayList 的常用操作，包括：增加、删除、修改、遍历。

【描述 8.D.1】 ArrayListDemo.java

```java
class ArrayListDemo {
    public static List<String> arrayList;
    // 初始化链表
    public static void init() {
        arrayList = new ArrayList<String>(4);
        // 即使生命长度，ArrayList 还是根据需要动态分配
        System.out.println("初始化长度: " + arrayList.size());
        // 添加元素
        arrayList.add("first");
        arrayList.add("second");
        arrayList.add("third");
        arrayList.add("forth");
    }
    // 打印链表信息
    public static void printInfo() {
        System.out.println("增加元素后的长度: " + arrayList.size());
        // 通过集合构造链表
        ArrayList<String> arrayList2 = new ArrayList<String>(arrayList);
        // AbstractCollection 对 toString()方法提供了实现
        System.out.println("arrayList : " + arrayList);
        System.out.println("arrayList2: " + arrayList2);
    }
    // 对链表实现修改、删除操作
    public static void modify() {
        // 添加一个元素
        arrayList.add(1, "insert data");
        System.out.println("增加元素后的长度: " + arrayList.size());
        // 删除一个元素
        arrayList.remove("second");
        System.out.println("删除'second'元素后的长度: " + arrayList.size());
        arrayList.remove(2);
        System.out.println("删除第 3 个元素后的长度: " + arrayList.size());
```

```
        // 删除一个不存在的元素
        arrayList.remove("nothing");
        System.out.println("删除'nothing'元素后的长度: " + arrayList.size());
        // 抛出 IndexOutOfBoundsException
        // arrayList.remove(10);
    }
    // 从 List 中获取数组，并遍历
    public static void toArray() {
        Object[] arr = arrayList.toArray();
        for (int i = 0; i < arr.length; i++) {
            String str = (String) arr[i];
            System.out.println((i + 1) + " : " + str);
        }
    }
    public static void main(String args[]) {
        init();
        printInfo();
        modify();
        toArray();
    }
}
```

在上述代码中，使用 **ArrayList** 对象的 size()方法获取集合当前元素的个数，使用 add()
方法向添加元素，使用 remove()方法删除元素。

执行结果如下。

```
初始化长度: 0
增加元素后的长度: 4
arrayList : [first, second, third, forth]
arrayList2: [first, second, third, forth]
增加元素后的长度: 5
删除'second'元素后的长度: 4
删除第 3 个元素后的长度: 3
删除'nothing'元素后的长度: 3
1 : first
2 : insert data
3 : forth
```

注意　列表的下标从 0 开始。

2. LinkedList

LinkedList 类提供了一个链表数据结构，更易适合频繁的数据增删操作。其新增方法列
表及使用说明如表 8-7 所示。

表 8-7　LinkedList 的常用方法列表

方法名	功能说明
LinkedList()	构造方法，用于建立一个空的数组列表
LinkedList(Collection<? extends E> c)	构造方法，用于建立一个用集合 c 数据初始化的数组列表
void addFirst(E obj)	向列表头部增加一个元素
E getFirst()	获取列表第一个元素
E removeFirst()	移除列表第一个元素
void addLast(E ob)	向列表尾部增加一个元素
E getLast()	获取列表最后一个元素
E removeLast()	移除列表最后一个元素

使用这些新方法，就可以轻松地使用 LinkedList 实现堆栈、队列或其他面向端点的数据结构。

3. List 的遍历

有许多情况需要遍历集合中的元素，一种最常用的遍历方法是使用迭代器。迭代器是实现 Iterator 接口的一个对象。使用迭代器能遍历或删除集合中的元素。

每个集合类都提供了 iterator 方法用来返回一个迭代器，通过这个迭代器，可以完成集合的遍历或删除操作，迭代器的使用步骤如下：

01 通过 iterator 方法得到集合的迭代器。

02 通过调用 hasNext 方法判断是否存在下一个元素。

03 调用 next 方法得到当前指针所指向的元素。

下述代码用于实现任务描述 8.D.1，使用 Iterator 遍历集合。

【描述 8.D.1】　ArrayListDemo.java

```java
public class ArrayListDemo {
    //……省略代码部分
    // 使用 Iterator 遍历
    public static void travel(){
        System.out.println("遍历前的长度: " + arrayList.size());
        // 使用迭代器进行遍历
        Iterator<String> iterator = arrayList.iterator();
        int i = 0;
        while (iterator.hasNext()) {
            String str = iterator.next();
            i++;
            System.out.println(str);
            if (i % 3 == 0) {
                // 通过迭代器删除元素
                iterator.remove();
```

```
        }
    }
    System.out.println("删除后的长度: " + arrayList.size());
}
public static void main(String args[]) {
    init();
    travel();
}
}
```

执行结果如下。

```
遍历前的长度: 4
first
second
third
forth
删除后的长度: 3
```

4. for-each

JDK5.0 提供了一种全新的 for 循环——for-each 形式，for-each 可以遍历实现 Iterable 接口的任何对象的集合，其操作形式比迭代器更方便有效。

下述代码使用 for-each 实现任务描述 8.D.1 中的遍历功能。

【描述 8.D.1】 ArrayListDemo.java

```java
public class ArrayListDemo {
    //……省略代码部分
    // 使用 for-each 遍历
    public static void travel2(){
        for(String str:arrayList){
            System.out.println(str);
        }
    }
    //……省略代码部分
}
```

8.2.2　Set

Set 接口继承 Collection 接口，而且它不允许集合中存在重复项，每个具体的 Set 实现类依赖添加的对象的 equals()方法来检查独一性。它的常用具体实现有 HashSet 和 TreeSet 类。Set 接口没有引入新方法，所以 Set 就是一个 Collection，只是其行为不同。

1. HashSet

HashSet 能快速定位一个元素，但放到 Hashset 中的对象需要实现 hashCode()方法。该结构使用散列表进行存储。在散列中，一个关键字的信息内容被用来确定唯一的一个值，称为散列码（hash code）。而散列码被用来当做与关键字相连的数据的存储下标。关键字到其散列码的转换是自动执行的。散列法的优点在于即使对于大的集合，一些基本操作如 add、contains、remove 和 size 方法的运行时间保持不变。其构造方法列表及使用说明如表 8-8 所示。

表 8-8　HashSet 的构造方法列表

方法名	功能说明
HashSet()	构造一个默认的散列集合
HashSet(Collection<? extends E> c)	用 c 中的元素初始化散列集合
HashSet(int capacity)	初始化容量为 capacity 的散列集合
HashSet(int capacity, float fill)	初始化容量为 capacity 填充比为 fill 的散列集合

下述代码用于实现任务描述 8.D.2，基于 String 类型演示泛型 HashSet 的使用。

【描述 8.D.2】 HashSetDemo.java

```java
public class HashSetDemo {
    public static void main(String args[]) {
        HashSet<String> hashSet = new HashSet<String>();
        // 添加元素
        hashSet.add("first");
        hashSet.add("second");
        hashSet.add("third");
        hashSet.add("forth");
        System.out.println(hashSet);
        // 遍历
        for(String str: hashSet){
            System.out.println(str);
        }
    }
}
```

执行结果如下。

```
[forth, second, third, first]
forth
second
third
first
```

2. TreeSet

TreeSet 是使用树结构来进行存储的 Set 接口的实现类，对象按升序存储，访问和检索速度快。在存储了大量的需要进行快速检索的排序信息的情况下，TreeSet 是一个很好的选择。其构造方法列表及使用说明如表 8-9 所示。

表 8-9　TreeSet 的构造方法列表

方法名	功能说明
TreeSet( )	构造一个空的 TreeSet
TreeSet(Collection<? extends E> c)	构造一个包含 c 的元素的 TreeSet
TreeSet(Comparator<? super E> comp)	构造由 comp 指定的比较依据的 TreeSet
TreeSet(SortedSet<E> sortSet)	构造一个包含 sortSet 所有元素的 TreeSet

下述代码用于实现任务描述 8.D.3，基于 String 类型演示泛型 TreeSet 的使用。

【描述 8.D.3】 TreeSetDemo.java

```java
public class TreeSetDemo {
    public static void main(String args[]) {
        TreeSet<String> treeSet = new TreeSet<String>();
        // 添加元素
        treeSet.add("first");
        treeSet.add("second");
        treeSet.add("third");
        treeSet.add("forth");
        System.out.println(treeSet);
        // 遍历
        for(String str: treeSet){
            System.out.println(str);
        }
    }
}
```

执行结果如下。

```
[first, forth, second, third]
first
forth
second
third
```

通过运行结果可以分析出：TreeSet 元素按字符串顺序排序存储。TreeSet 将放入其中的元素按序存放，这就要求放入其中的对象是可排序的。集合框架中提供了用于排序的两个实用接口：Comparable 和 Comparator。一个可排序的类应该实现 Comparable 接口。如果多个类具有相同的排序算法时，或需要为某个类指定多个排序依据，可将排序算法抽取出来，通过扩展 Comparator 接口的类实现即可。

注意 在不指明排序依据的情况下，添加到 TreeSet 中的对象需要实现 Comparable 接口。

 8.2.3 Map

Map 是一种把键对象和值对象进行关联的容器，Map 容器中的键对象不允许重复，而一个值对象又可以是一个 Map，依此类推，可以形成一个多级映射。Map 中提供了 Map.Entry 接口，通过 Map 的 entrySet 方法返回一个实现 Map.Entry 接口的对象集合，使得可以单独操作 Map 的项（键-值对），在 Map 中的每一个项，就是一个 Map.Entry 对象，通过这个迭代器，可以获得每一个条目的键或值并对值进行更改。其常用方法及功能如表 8-10 所示。

表 8–10　Map.Entry 的方法列表

方法名	功能说明
K getKey()	返回该项的键
V getValue()	返回该项的值
int hashCode()	返回该项的散列值
boolean equals(Object obj)	判断当前项与指定的 obj 是否相等
V setValue(V v)	用 v 覆盖当前项的值，并且返回旧值

Map 有两种比较常用的实现：HashMap 和 TreeMap。

1. HashMap

HashMap 类使用散列表实现 Map 接口。散列映射并不保证它的元素的顺序，元素加入散列映射的顺序并不一定是它们被迭代函数读出的顺序。HashMap 允许使用 null 值和 null 键。

下述代码用于实现任务描述 8.D.4，基于 String 和 Integer 类型演示泛型 HashMap 的使用。

【描述 8.D.4】 HashMapDemo.java

```java
public class HashMapDemo {
    public static void main(String args[]) {
        // 创建默认 HashMap 对象
        HashMap<String, Integer> hashMap = new HashMap<String, Integer>();
        // 添加数据
        hashMap.put("Tom", new Integer(23));
        hashMap.put("Rose", new Integer(18));
        hashMap.put("Jane", new Integer(26));
        hashMap.put("Black", new Integer(24));
        hashMap.put("Smith", new Integer(21));
        // 获取 Entry 的集合
        Set<Map.Entry<String, Integer>> set = hashMap.entrySet();
```

```
    // 遍历所有元素
    for (Entry<String, Integer> entry : set) {
        System.out.println(entry.getKey() + " : " + entry.getValue());
    }
    System.out.println("---------");
    // 获取键集
    Set<String> keySet = hashMap.keySet();
    StringBuffer buffer = new StringBuffer("");
    for (String str : keySet) {
        buffer.append(str + ",");
    }
    String str = buffer.substring(0, buffer.length() - 1);
    System.out.println(str);
    }
}
```

执行结果如下。

```
Smith : 21
Black : 24
Jane : 26
Tom : 23
Rose : 18
---------
Smith,Black,Jane,Tom,Rose
```

2. TreeMap

TreeMap 类通过使用树实现 Map 接口。TreeMap 按顺序存储键-值对，同时允许快速检索。应该注意的是，不像散列映射，TreeMap 保证它的元素按照键升序排序。其构造方法列表及使用说明如表 8-11 所示。

表 8-11 TreeMap 的构造方法

方法名	功能说明
TreeMap()	构造一个默认 TreeMap
TreeMap(Comparator<? super K> comp)	构造指定比较器的 TreeMap
TreeMap(Map<? extends K,? extends V> m)	使用已有的 Map 对象 m 构造 TreeMap
TreeMap(SortedMap<K,? extends V> m)	使用已有的 SortedMap 对象 m 构造 TreeMap

下述代码用于实现任务描述 8.D.5，基于 String 和 Integer 类型演示泛型 TreeMap 的使用。

【描述 8.D.5】 TreeMapDemo.java

```
public class TreeMapDemo {
    public static void main(String args[]) {
        // 创建默认 TreeMap 对象
```

```
        TreeMap<String, Integer> treeMap = new TreeMap<String, Integer>();
        // 添加数据
        treeMap.put("Tom", new Integer(23));
        treeMap.put("Rose", new Integer(18));
        treeMap.put("Jane", new Integer(26));
        treeMap.put("Black", new Integer(24));
        treeMap.put("Smith", new Integer(21));
        // 获取 Entry 的集合
        Set<Map.Entry<String, Integer>> set = treeMap.entrySet();
        // 遍历所有元素
        for (Entry<String, Integer> entry : set) {
            System.out.println(entry.getKey() + " : " + entry.getValue());
        }
        System.out.println("---------");
        // 获取键集
        Set<String> keySet = treeMap.keySet();
        StringBuffer buffer = new StringBuffer("");
        for (String str : keySet) {
            buffer.append(str + ",");
        }
        String str = buffer.substring(0, buffer.length() - 1);
        System.out.println(str);
    }
}
```

执行结果如下。

```
Black : 24
Jane : 26
Rose : 18
Smith : 21
Tom : 23
---------
Black,Jane,Rose,Smith,Tom
```

通过运行结果，可以看到 TreeMap 按照关键字对其元素进行了排序。当 TreeMap 的键为用户自定义类别时，为了使其能顺利排序，需要指定比较器，此比较器需实现 Comparator 接口。

8.2.4 区别与联系

8.2 节介绍了 Java 集合中的常用实现类，Java API 提供了多种集合的实现，在使用集合的时候往往会难以"抉择"，要用好集合，首先要明确集合的结构层次（前面已介绍），其次要明确集合的特性。下面主要从其元素是否有序，是否可重复来进行区别，以便记忆和使用，具体总结如表 8-12 所示。

表 8–12 集合区分列表

集合		是否有序	是否可重复
Collection		否	是
List		是	是
Set	AbstractSet	否	否
	HashSet		
	TreeSet	是（二叉树排序）	
Map	AbstractMap	否	使用 key-value 来映射和存储数据，key 必须唯一，value 可以重复
	HashMap		
	TreeMap	是（二叉树排序）	

小结

通过本章的学习，读者应该能够学会：

■ Java 集合框架提供了一种处理对象集的标准方式——JCF；

■ Java 集合是基于算法设计的高性能类集；

■ Java 集合主要接口有：Collection、List、Set 和 Map；

■ Java 提供了迭代器接口用于遍历集合内部元素；

■ 迭代器接口有 Iterator 和 ListIterator 接口；

■ List 接口的具体实现类常用的有 ArrayList 和 LinkedList；

■ Set 接口的具体实现类有 HashSet 和 TreeSet；

■ Map 结构是基于键-值对的特殊集合结构；

■ Map 接口的具体实现类常用有 HashMap 和 TreeMap；

■ JDK5.0 提供了 for-each 语句，以方便集合遍历。

练习

1. 下面不是继承自 Collection 接口的是_____。

    A. ArrayList   B. LinkedList

    C. TreeSet   C. HashMap

2. 下面用于创建动态数组的集合类是_____。

    A. ArrayList   B. LinkedList

    C. TreeSet   D. HashMap

3. 向 ArrayList 对象中添加一个元素的方法是_____。

      A. set(Object o)   B. setObject(Object o)t

      C. add(Object o)   D. addObject(Object o)

4.   欲构造 ArrayList 类的一个实例，此类继承了 List 接口，下列_____方法是正确的。

      A. ArrayList myList=new Object()   B. List myList=new ArrayList()

      C. ArrayList myList=new List()   D. List myList=new List()

5. 简要描述 ArrayList、Vector、LinkedList 的存储性能和特性。

6. 简述 Collection 和 Collections 的区别。

7. List、Map、Set 三个接口，存取元素时，各有什么特点？

8. 描述 HashMap 和 Hashtable 的区别。

9. 创建一个 HashMap 对象，并在其中添加一些员工的姓名和工资：张三 8000，李四 6000，然后从 HashMap 对象中获取这两个人的薪水并打印出来，接着把张三的工资改为 8500，再把他们的薪水显示出来。

10. 创建一个 TreeSet 对象，并在其中添加一些员工对象（Employee），其姓名和工资分别是：张三 8000，李四 6000，王五 5600，马六 7500 ，最后按照工资的大小，降序输出。（提示：让 Employee 对象实现 Comparable 接口）

11. 创建一个 Customer 类，类中的属性有姓名（name），年龄（age），性别（gender），每个属性分别有 get/set 方法。然后创建两个 Customer 对象：张立、18、女和王猛、22、男，把这两个对象存储在 ArrayList 对象中，然后再从 ArrayList 对象读取出来。

12. 给定任意一个字符串 "today is a special day"，长度为任意，要求找出其出现次数最多的字符及计算次数。（可以用 HashMap，HashSet，Collections 实现）

第9章 流与文件

本章目标

- 掌握 File 类的使用
- 理解流的不同分类
- 掌握 InputStream 和 OutputStream 的使用
- 掌握常用过滤流的使用
- 掌握 Reader 和 Writer 的使用
- 理解序列化和反序列化的概念
- 掌握对象流的使用

学习导航

任务描述

【描述 9.D.1】

创建一个 File 对象，检验对应的文件是否存在，若不存在就创建一个，然后对 File 类的部分操作进行演示，如文件的名称、大小等。

【描述 9.D.2】

把 JDK 根目录下的目录或文件的名称列举出来。

【描述 9.D.3】

利用列表（list）方法把 JDK 根目录下的所有以.html 或.htm 为后缀的网页文件列举出来。

【描述 9.D.4】

使用 InputStream 实现文件读取操作。

【描述 9.D.5】

使用 OutputStream 实现写文件操作。

【描述 9.D.6】

使用过滤流（FilterInputStream 或 BufferedInputStream）实现文件的读写。

【描述 9.D.7】

使用字符流实现文件的读写操作。

【描述 9.D.8】

使用对象流实现文件的读写操作。

9.1 文件

文件可以认为是相关记录或放在一起的数据的集合；文件可以存储在硬盘、光盘、移动存储设备上；可以以文本文档、图片、程序等方式存储。

在编程过程中，经常会对文件进行各种处理。在 Java 中，java.io 包中提供了一系列的类用于对底层系统中的文件进行处理。其中 File 类是最重要的一个类，该类可以获取文件信息也可以对文件进行管理。

9.1.1 File 类

在 Java 中，提供了对文件及目录进行操作的 File 类。File 对象既可以表示文件，也可以表示目录，在 Java 程序中，一个 File 对象可以代表一个文件或目录。利用它可以用来对文件或目录及其属性进行基本操作。利用 File 对象可以获取与文件相关的信息，如名称、最后修改日期、文件大小等。其常用方法及功能如表 9-1 所示。

表 9-1 File 常用方法列表

方法名	功能说明
File(String pathname)	构造方法，用于创建一个指定路径名的 File 对象
boolean canRead()	判断文件或目录是否可读
boolean createNewFile()	自动创建一个 File 对象指定文件名的空文件，只有在指定文件名文件不存在的时候才能成功
boolean delete()	删除 File 对象对应的文件或目录
boolean exists()	判断 File 对象对应的文件或目录是否存在
String getAbsolutePath()	获取 File 对象对应的文件或目录的绝对路径
String getName()	获取 File 对象对应的文件或目录的名称
String getPath()	获取 File 对象对应的文件或目录的路径
boolean isDirectory()	判断 File 对象指向的是否为一个目录
boolean isFile()	判断 File 对象指向的是否为一个文件
long length()	返回 File 对象对应的文件的大小，单位为字节
boolean mkdir()	新建一个 File 对象所定义的一个路径，如果新建成功，返回 true，否则返回 false，此时 File 对象必须是目录对象
boolean renameTo(File dest)	重命名 File 对象对应的文件，如果命名成功，返回 true，否则返回 false
long lastModified()	返回此 File 对象的最后一次被修改的时间

下述代码用于实现任务描述 9.D.1，创建一个 File 对象，检验文件是否存在，若不存在就创建，然后对 File 类的部分操作进行演示，如文件的名称、大小等。

【描述 9.D.1】 FileDemo.java

```java
public class FileDemo {
    public static void main(String[] args) {
        System.out.println("请输入文件名: ");
```

```
        Scanner scanner = new Scanner(System.in);
        // 从控制台输入文件路径名
        String pathName = scanner.next();
        // 根据路径字符串创建一个 File 对象
        File file = new File(pathName);
        // 如果文件不存在，则创建一个
        if (!file.exists()) {
            try {
                file.createNewFile();
            } catch (IOException e) {
                e.printStackTrace();
            }
        }
        System.out.println("文件是否存在: " + file.exists());
        System.out.println("是文件吗: " + file.isFile());
        System.out.println("是目录吗: " + file.isDirectory());
        System.out.println("名称: " + file.getName());
        System.out.println("路径: " + file.getPath());
        System.out.println("绝对路径: " + file.getAbsolutePath());
        System.out.println("最后修改时间: " + file.lastModified());
        System.out.println("文件大小: " + file.length());
    }
}
```

执行结果如下。

```
请输入文件名:
d:\test.txt
文件是否存在: true
是文件吗: true
是目录吗: false
名称: test.txt
路径: d:\test.txt
绝对路径: d:\test.txt
最后修改时间: 1270537801921
文件大小: 9
```

注意 File 对象只是一个引用，它可能指向一个存在的文件，也可能指向一个不存在的文件，并且 File 对象不但可以表示某个文件，也可以表示某个目录。

9.1.2 文件列表器

在 File 类中，可以使用列表（list）方法，把某个目录中的文件或目录依次列举出来，列表方法及功能说明如表 9-2 所示。

表 9–2 File 类的 list 方法列表

方法名	功能说明
String[] list()	当 File 对象为目录时，返回该目录下的所有文件及子目录
File[] listFiles()	返回 File 对象对应的路径下的所有文件对象数组

下述代码用于实现任务描述 9.D.2，把 JDK 根目录下的目录或文件的名称列举出来。

【描述 9.D.2】 ListDemo.java

```java
public class ListDemo {
    public static void main(String[] args) {
        // 根据路径名称创建 File 对象
        File file = new File("C:\\Program Files\\Java\\jdk1.6.0_18");
        // 得到文件名列表
        if (file.isDirectory()) {
            String[] fileNames = file.list();
            // 利用 for-each 打印各个方法
            for (String fileName : fileNames) {
                System.out.println(fileName);
            }
        }
    }
}
```

执行结果如下。

```
src.zip
COPYRIGHT
jre
LICENSE
……省略
```

从执行结果可以分析出：list()方法将 JDK 根目录中的文件或目录都列举出来，但没有标明哪个是文件或目录。

下述代码用于实现任务描述 9.D.2，利用列表方法将 JDK 根目录下的目录或文件的名称列举出来，并标明文件或目录。

【描述 9.D.2】 ListFileDemo.java

```java
public class ListFileDemo {
    public static void main(String[] args) {
        // 根据路径名称创建 File 对象
        File file = new File("C:\\Program Files\\Java\\jdk1.6.0_18");
        // 得到文件名列表
        if (file.isDirectory()) {
```

```
        File[] files = file.listFiles();
        // 利用 for-each 获取每个 File 对象
        for (File f : files) {
            if (f.isFile()) {
                System.out.println("文件: " + f);
            } else {
                System.out.println("目录: " + f);
            }
        }
    }
}
```

执行结果如下。

```
文件: C:\Program Files\Java\jdk1.6.0_18\src.zip
文件: C:\Program Files\Java\jdk1.6.0_18\COPYRIGHT
目录: C:\Program Files\Java\jdk1.6.0_18\jre
文件: C:\Program Files\Java\jdk1.6.0_18\LICENSE
……省略
```

在 File 的列表（list）方法中，可以接受参数 FileNameFilter，通过接受这种类型的参数，可以将一些符合条件的文件列举出来，如表 9-3 所示。

表 9-3 具有过滤条件的 list 方法

方法名	功能说明
String[] list(FilenameFilter filter)	返回一个字符串数组，这些字符串为此 File 对象对应的目录中满足指定过滤条件的文件和子目录
File[] listFiles(FilenameFilter filter)	返回 File 对象数组，这些 File 对象为此 File 对象对应的目录中满足指定过滤条件的文件和子目录

注意 FileNameFilter 是一个接口，它只有一个 accept 方法，所以只需要定义一个类来实现这个接口，或者可以定义一个匿名类。

下述代码用于实现任务描述 9.D.3，利用 list 方法列举出 JDK 根目录下的所有以.html或.htm 为后缀的网页文件。

【描述 9.D.3】 HtmlList.java

```
public class HtmlList {
    public static void main(String[] args) {
        // 根据路径名称创建 File 对象
        File file = new File("C:\\Program Files\\Java\\jdk1.6.0_18");
        // 得到文件名列表
        if (file.exists() && file.isDirectory()) {
            // 创建 FileNameFilter 类型的匿名类，并作为参数传入到 list 方法中
```

```
        String[] fileNames = file.list(new FilenameFilter() {
            public boolean accept(File dir, String name) {
                // 如果文件的后缀为.html 或.htm 则满足条件
                return (name.endsWith(".html") || name.endsWith(".htm"));
            }
        });
        for (String fileName : fileNames) {
            System.out.println(fileName);
        }
    }
}
}
```

上述代码将 JDK 根目录下的所有以.html 或.htm 结尾的文件都列举出来，执行结果如下。

```
README.html
README_ja.html
README_zh_CN.html
.........省略
```

 ## 9.2　流的分类

流（stream）的概念源于 UNIX 中管道（pipe）的概念，代表程序中数据的流通，是以先进先出方式发送信息的通道。在 UNIX 中，管道是一条不间断的字节流，用来实现程序或进程间的通信，或读写外围设备、外部文件等。

一个流，必有源端和目的端，它们可以是计算机内存的某些区域，也可以是磁盘文件，甚至可以是 Internet 上的某个 URL。流的方向是重要的，根据流的方向，流可分为两类：输入流和输出流。用户可以从输入流中读取信息，但不能写它。相反，对输出流，只能往输入流写，而不能读它。实际上，流的源端和目的端可以简单地看成是字节的生产者和消费者。对于输入流，可以不必关心它的源端是什么，只要简单地从流中读数据；而对于输出流，也可以不知道它的目的端，只是简单地往流中写数据。

流可以分为不同的类型，按照不同的分类方式，从不同的角度来观察，概念上会有重叠。按照流的方向，可以将流分为输入流和输出流。

- **输入流(Input Stream)：**只能从中读取数据，而不能向其写入数据。
- **输出流(Output Stream)：**只能向其写入数据，而不能从中读取数据。

按照流的处理的基本单位可以将流分为字节流和字符流。

- **字节流：**在流中处理的基本单位为字节的流。
- **字符流：**在流中处理的基本单位为字符的流。

按照流的角色分，可以将流分为节点流和过滤流。

■ **节点流**：可以从/向一个特定的 I/O 设备（如磁盘或网络）读/写数据的流，节点流又常被称为低级流（Low Level Stream），节点通常是指文件（File），内存（memory）和管道（pipe）。

■ **过滤流**：实现对一个已经存在的流的连接和封装，通过所封装的流的功能调用实现数据读/写功能的流。处理流是处理流的流又称为过滤流。

字节流中存放的是字节序列，无论是输入还是输出，都是直接对字节进行处理。InputStream 和 OutputStream 为字节输入/输出流类的顶层父类。字符流中存放的是字符序列，无论是输入还是输出，都是直接对字符处理，字符流的操作均以双字节（16-bits）的 Unicode 字符为基础，而非以单字节的字符为基础。字符流的顶层父类是 Reader 和 Writer。节点流通常直接对特定的 I/O 设备（如磁盘或网络）进行读写，而过滤流通常对已存在的流进行连接和封装，从而对已有的流进行特殊处理。

> **注意** 在实际应用中，一般很少使用单一的节点流来产生输入输出流，而是把过滤流和节点流配合使用，让节点流给过滤流提供数据，供后者进行处理。

9.3 字节流

InputStream 和 OutputStream 都是用于处理字节数据的。它们的读/写流的方式都是以字节单位进行的。输入输出流的层次关系如图 9-1 所示。

9.3.1 InputStream

InputStream 类是所有字节输入流的父类，主要是用于从数据源按照字节的方式读取数据。其常用方法及功能如表 9-4 所示。

表 9-4 InputStream 的方法列表

方法名	功能说明
abstract int read()	读取一个字节，并将它返回。如果遇到源的末尾，则返回-1。可以通过返回值是否为-1 来判断流是否到达了末尾
int read(byte[] b)	将数据读入到一个字节数组，同时返回实际读取的字节数，如果到达流的末尾，则返回-1
int read(byte[] b, int offset, int len)	将数据读入到一个字节数组，放到数组 offset 指定的位置开始，并用 len 来指定读取的最大字节数。同样到达流的末尾，则返回-1
int available()	用于返回在不发生阻塞的情况下，从这个流中可以读取的字节数
void close()	关闭此输入流并释放与该流关联的所有系统资源

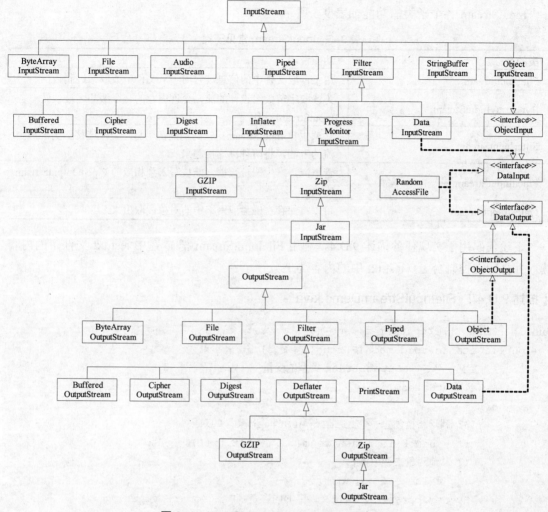

图 9-1　InputStream/OutputStream 层次关系

注意　上面的 read 方法以"阻塞（blocking）读取方式工作"，也就是说，如果源中没有数据，这个方法一直等待（处于阻塞状态）。

InputStream 类是抽象类，如果想要对数据进行读取，还必须使用 InputStream 类的子类，通过创建流对象来调用 read 方法进行数据的读取。InputStream 类及其常见的子类如图 9-2 所示。

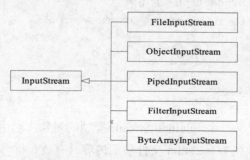

图 9-2　InputStream 层次关系

InputStream 各个子类的功能如表 9-5 所示。

表 9–5 InputStream 常见子类

类的名称	功能说明
FileInputStream	用于读取文件中的信息。它用于从文件中读取二进制数据
ByteArrayInputStream	为读取字节数组设计的流，允许内存的一个缓冲区被当做 InputStream 使用
FilterInputStream	它派生自 InputStream，它的功能在于将一个流连接到另外一个流的末端，将两种流连接起来
PipedInputStream	管道流，产生一份数据，能被写入到相应的 PipedOutputStream 中去
ObjectInputStream	可以将保存在磁盘或网络中的对象读取出来

下述代码用于实现任务描述 9.D.4，利用 FileInputStream 把 D 盘中 test.txt 文件中的内容读取并打印在控制台上（test.txt 中的内容为 A）。

【描述 9.D.4】 FileInputStreamDemo.java

```java
public class FileInputStreamDemo {
    public static void main(String[] args) {
        // 定义一个 FileInputStream 类型的变量
        FileInputStream fi = null;
        try {
            // 利用路径创建一个 FileInputStream 类型的对象
            fi = new FileInputStream("d:\\test.txt");
            // 从流对象中读取内容
            int value = fi.read();
            System.out.println("文件中的内容是: " + (char) value);
        } catch (Exception e) {
            e.printStackTrace();
        } finally {
            try {
                // 关闭流对象
                fi.close();
            } catch (IOException e) {
                e.printStackTrace();
            }
        }
    }
}
```

上述代码中，首先定义一个 FileInputStream 类型的对象，利用该对象的 read()方法，从 D 盘的 test.txt 文件中读取内容。test.txt 文件中的内容只有 A 一个字符。因为 read()方法返回一个 int 类型数值，如果想输出字符 A，需将 int 强制转换成 char 类型。最后在 finally 块中，使用 close()方法将流关闭，从而释放资源。

执行结果如下。

文件中的内容是：A

 ## 9.3.2　OutputStream

OutputStream 类是所有字节输出流的父类，主要是用于把内容按照字节的方式写入到目的端。其常用方法及功能如表 9-6 所示。

表 9-6　OutputStream 的方法列表

方法名	功能说明
void write(int c)	写一个字节到流中
void write(byte[] b)	将字节数组中的数据写入到流中
void write(byte[] b, int offset, int len)	将字节数组中的 offset 开始的 len 个字节写到流中
void close()	关闭此输入流并释放与该流关联的所有系统资源
void flush()	将缓冲中的字节立即发送到流中，同时清空缓冲

OutputStream 类是抽象类，不能实例化，如果想把数据写入到流中，还必须使用 OutputStream 类的子类，通过创建子类的流对象并调用 write 方法进行数据的写入。OutputStream 类及其常见子类如图 9-3 所示。

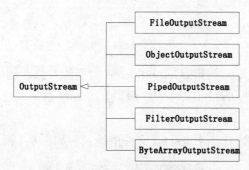

图 9-3　OutputStream 层次关系

OutputStream 各个子类的功能如表 9-7 所示。

表 9-7　OutputStream 常见子类

类的名称	功能说明
FileOutputStream	用于以二进制的格式把数据写入到文件中
ByteArrayOutputStream	按照字节数组的方式向设备中写出字节流的类
FilterOutputStream	它派生自 InputStream，它的功能在于将一个流连接到另外一个流的末端，将两种流连接起来
PipedOutputStream	管道输出，和 PipedInputStream 相对
ObjectOutputStream	将对象保存到磁盘或在网络中传递

下述代码用于实现任务描述 9.D.5，利用 FileOutputStream 把内容（如 10 个 A）写入 D 盘的 test.txt 文件中。

【描述 9.D.5】 FileOutputStreamDemo.java

```java
public class FileOutputStreamDemo {
    public static void main(String[] args) {
        // 定义一个 FileOutputStream 类型的变量
        FileOutputStream fo = null;
        try {
            // 利用绝对路径创建一个 FileInputStream 类型的对象
            fo = new FileOutputStream("d:\\test.txt");
            for (int i = 0; i < 10; i++) {
                fo.write(65);// 字符 A 的 ASCII 码
            }
        } catch (Exception ex) {
            ex.printStackTrace();
        } finally {
            try {
                fo.close();
            } catch (Exception ex) {
                ex.printStackTrace();
            }
        }
    }
}
```

上述代码中，首先定义一个 FileOutputStream 类型的对象，利用该对象的 write()方法，将 10 个字符 A 写到 D 盘的 test.txt 文件中，最后在 finally 块中，使用 close()方法将流关闭，从而释放资源。

执行上面代码后，查看 D 盘中 test.txt 文件的结果，如图 9-4 所示。

图 9-4　执行结果

注意　在 FileOutputStreamDemo 类中，如果 D 盘中不存在 test.txt 文件，就会先创建一个，然后再写入内容。如果已存在 test.txt 文件，则先清空文件中的内容，然后再写入新的内容。如果想把新的内容追加到 test.txt 文件中，则可以利用 FileOutputStream(String name,boolean append)创建一个文件输出流对象，设置 append 的值为 true。

9.3.3 过滤流

过滤流又分为过滤输入流和过滤输出流。过滤流实现了对一个已经存在的流的连接和封装，通过所封装的流的功能调用实现数据读/写功能的流。

FilterInputStream 为过滤输入流，其父类为 InputStream 类，FilterInputStream 类和它的子类的层次关系如图 9-5 所示。

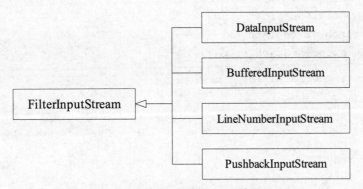

图 9-5 FilterInputStream 层次关系

FilterInputStream 各个子类的功能如表 9-8 所示。

表 9-8 FilterInputStream 常见子类

类的名称	功能说明
DataInputStream	与 DataOutputStream 搭配使用，可以按照与平台无关的方式从流中读取基本类型（int、char 和 long 等）的数据
BufferedInputStream	利用缓冲区来提高读取效率
LineNumberInputStream	跟踪输入流的行号，该类已经被废弃
PushbackInputStream	能够把读取的一个字节压回到缓冲区中，通常用做编译器的扫描器，在程序中很少使用

下述代码用于实现任务描述 9.D.6，利用 BufferedInputStream 把内容（如 10 个 A）从 D 盘中的 test.txt 文件读取出来。

【描述 9.D.6】 BufferedInputStreamDemo.java

```
public class BufferedInputStreamDemo {
    public static void main(String[] args) {
        // 定义一个 BufferedInputStream 类型的变量
        BufferedInputStream bi = null;
        try {
            // 利用 FileInputStream 对象创建一个输入缓冲流
            bi = new BufferedInputStream(new FileInputStream("d:\\test.txt"));
            int result = 0;
            System.out.println("文件中的结果如下：");
            while ((result = bi.read()) != -1) {
```

```
            System.out.print((char) result);
        }
    } catch (Exception e) {
        e.printStackTrace();
    } finally {
        try {
            // 关闭缓冲流
            bi.close();
        } catch (Exception ex) {
            ex.printStackTrace();
        }
    }
}
}
```

执行结果如下。

文件中的结果如下：
AAAAAAAAAA

上面代码首先定义一个 BufferedInputStream 类型的对象，在创建该对象时，首先创建一个 FileInputStream 类型的对象用做 BufferedInputStream 构造方法的参数，然后利用对象的 read 方法，把 10 个字符 A 从 D 盘的 test.txt 文件中读取出来，并打印到控制台上，最后在 finally 块中，把流对象利用 close 方法关闭，从而释放资源。

FilterOutputStream 为过滤输出流，其父类为 OutputStream 类，FilterOutputStream 类和它的子类的层次关系如图 9-6 所示。

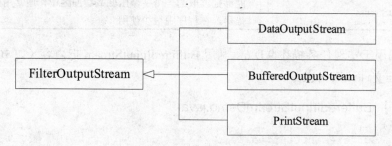

图 9-6 FilterOutputStream 层次图

FilterOutputStream 各个子类的功能如表 9-9 所示。

表 9-9 FilterOutputStream 常见子类

类的名称	功能说明
DataOutputStream	与 DataInputStream 搭配使用，可以按照与平台无关的方式向流中写入基本类型（int、char 和 long 等）的数据

（续表）

类的名称	功能说明
BufferedOutputStream	利用缓冲区来提高写效率
PrintStream	用于产生格式化输出

下述代码用于实现任务描述 9.D.6，利用 BufferedInputStream 把内容（如 10 个 A）从 D 盘的 test.txt 文件可读取出来。

【描述 9.D.6】 BufferedOutputStreamDemo.java

```java
public class BufferedOutputStreamDemo {
    public static void main(String[] args) {
        // 定义一个 BufferedOutputStream 类型的变量
        BufferedOutputStream bo = null;
        try {
            // 利用 FileOutputStream 对象创建一个输出缓冲流
            bo = new BufferedOutputStream(new FileOutputStream("d:\\test.txt"));
            for (int i = 0; i < 10; i++) {
                bo.write(65);
            }
        } catch (Exception e) {
            e.printStackTrace();
        } finally {
            try {
                // 关闭缓冲流
                bo.close();
            } catch (Exception ex) {
                ex.printStackTrace();
            }
        }
    }
}
```

上述代码首先定义一个 BufferedOutputStream 类型的对象，在创建该对象时，首先创建一个 FileOutputStream 类型的对象用做 BufferedOutputStream 构造方法的参数，然后利用对象的 write 方法，把 10 个字符 A 写入到 D 盘的 test.txt 文件中，如果该文件不存在就会创建一个文件，再把结果写入到该文件中。

9.4　字符流

InputStream 类和 OutputStream 类处理的是字节流，即数据流中的最小单元为一个字节，包括 8 个二进制位。在许多应用场合，Java 程序需要读写文本文件。在文本文件中存放了采用特定字符编码的字符。为了便于读写采用各种字符编码的字符，java.io 包中提供了 Reader/Writer 类，它们分别表示字符输入流和字符输出流。在处理字符流时，最主要的问题是进行字符编码的转换。Java 语言采用 Unicode 字符编码。对于每一个字符，JVM 会为其分配两个字节的内存。而在文本文件中，字符有可能采用其他类型的编码，如 GBK 和 UTF-8 字符编码等。

Reader 和 Writer 层次结构如图 9-7 所示。

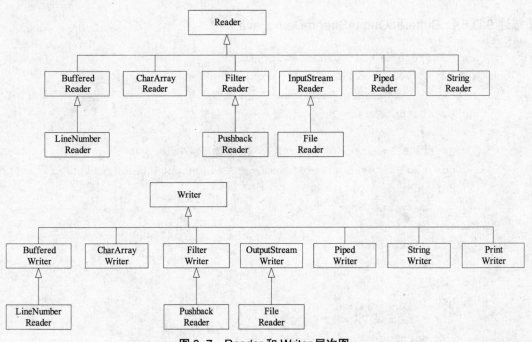

图 9-7 Reader 和 Writer 层次图

9.4.1 Reader

Reader 类是表示字符输入流的所有类的父类，主要是用于从数据源按照字符的方式读取数据。其常用方法及功能如表 9-10 所示。

表 9-10 Reader 的方法列表

方法名	功能说明
int read()	用于从流中读出一个字符，并将它返回
int read(char[] buffer)	将数据读入到一个字符数组，同时返回实际读取的字节数，如果到达流的末尾，则返回-1
int read(char[] buffer, int offset, int len)	将数据读入到一个字符数组，放到数组 offset 指定的位置开始，并用 len 来指定读取的最大字节数。同样到达流的末尾，则返回-1
void close()	关闭 Reader 流，并释放与该流关联的所有系统资源

Reader 类的层次结构和 InputStream 类的层次结构比较类似，不过，尽管

BufferedInputStream 和 BufferedReader 都提供缓冲区，但 BufferedInputStream 是 FilterInputStream 的子类，而 BufferedReader 不是 FilterReader 的子类，这是 InputStream 与 Reader 在层次结构上的不同。Reader 类和它的子类的层次关系如图 9-8 所示。

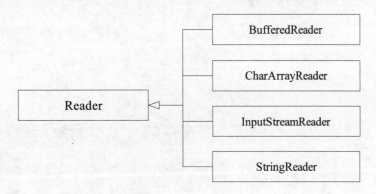

图 9-8　Reader 层次图

Reader 各个子类的功能如表 9-11 所示。

表 9-11　Reader 常见子类

类的名称	功能说明
CharArrayReader	和 ByteArrayInputStream 类似，只是在这个类中处理的是字符数组
BufferedReader	和 BufferInputStream 类似，只是处理的是字符
StringReader	用于读取数据源是一个字符串的流
FileReader	用于读取一个字符文件的类
InputStreamReader	是字节流和字符流之间的桥梁，该类读出字节并且将其按照指定的编码方式转换成字符

下述代码用于实现任务描述 9.D.7，利用 FileReader 和 BufferedReader 把内容（如 10 个 A）从 D 盘的 test.txt 文件中读取出来。

【描述 9.D.7】　ReaderDemo.java

```java
public class ReaderDemo {
    public static void main(String[] args) {
        // 定义一个 BufferedReader 类型的变量
        BufferedReader br = null;
        try {
            // 利用 FileReader 对象创建一个输出缓冲流
            br = new BufferedReader(new FileReader("d:\\test.txt"));
            // readLine 按行读取
            System.out.println("输出结果如下：");
            String result = null;
            while ((result = br.readLine()) != null) {
```

```
            System.out.println(result);
        }
    } catch (Exception e) {
        e.printStackTrace();
    } finally {
        try {
            // 关闭缓冲流
            br.close();
        } catch (Exception ex) {
            ex.printStackTrace();
        }
    }
    }
}
```

执行结果如下。

输出结果如下：
AAAAAAAAAA

上述代码首先定义一个 BufferedReader 类型的对象，在创建该对象时，首先创建一个 FileReader 类型的对象作为 BufferedReader 构造方法的参数，然后利用对象的 readLine 方法，把 D 盘中 test.txt 文件中的内容循环的读取出来，并打印到控制台上。

注意 BufferedReader 类中 readLine 方法是按行读取，当读取到流的末尾时返回 null，所以可以根据返回值是否为 null 来判断文件是否读取完毕。

9.4.2 Writer

Writer 类是表示字符输出流的所有类的父类，主要是按照字符的方式把数据写入到流中。其常用方法及功能如表 9-12 所示。

表 9-12　Writer 的方法列表

方法名	功能说明
void write(int c)	将参数 c 的低 16 位组成字符写入到流中
void write(char[] buffer)	将字符数组 buffer 中的字符写入到流中
void write(char[] buffer, int offset, int len)	将字符数组 buffer 中从 offset 开始的 len 个字符写入到流中
void write(String str)	将 str 字符串写入到流中

Writer 类的层次结构和 OutputStream 类的层次结构比较类似，不过，尽管 BufferedOutputStream 和 BufferedWriter 都提供缓冲区，但 BufferedOutputStream 是 FilteOutputStream 的子类，而 BufferedWriter 不是 FilterWriter 的子类，这是 OutputStream 与 Writer 在层次结构上的不同。Writer 类和它的子类的层次关系如图 9-9 所示。

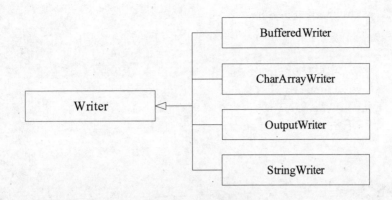

图 9-9　Writer 层次图

Writer 各个子类的功能如表 9-13 所示。

表 9-13　Writer 常见子类

类的名称	功能说明
CharArrayWriter	和 ByteArrayOutputStream 类似，它实现了一个字符类型的缓冲
BufferedWriter	和 BufferedOutputStream 类似，只是处理的为字符
StringWriter	一个字符流，可以用其回收在字符串缓冲区中的输出来构造字符串。关闭 StringWriter 无效。此类中的方法在关闭该流后仍可被调用，而不会产生任何 IOException
FileWriter	用于向字符文件输入字符内容的一个类，如果指定文件不存在，可能会创建一个新的文件
OutputStreamWriter	是字节流和字符流之间的桥梁，该类将写入的字节按照指定的编码方式转换成字符

下述代码用于实现任务描述 9.D.7，利用 FileWriter 和 BufferedWriter 把内容（如 "hello world"）写入 D 盘的 test.txt 文件中。

【描述 9.D.7】　WriterDemo.java

```
public class WriterDemo {
    public static void main(String[] args) {
        // 定义一个 BufferedWriter 类型的变量
        BufferedWriter bw = null;
        try {
            // 利用 FileWriter 对象创建一个输出缓冲流
            bw = new BufferedWriter(new FileWriter("d:\\test.txt"));
            System.out.println("输出结果如下: ");
            String line = System.getProperty("line.separator");
            // 把一行内容写入到文件中
            bw.write("hello world" + line);
            bw.flush();
        } catch (Exception e) {
```

```
            e.printStackTrace();
        } finally {
            try {
                // 关闭缓冲流
                bw.close();
            } catch (Exception ex) {
                ex.printStackTrace();
            }
        }
    }
}
```

执行上面代码后，查看 D 盘中 test.txt 文件的结果，如图 9-10 所示。

图 9-10　执行结果

上述代码首先定义一个 BufferedWriterr 类型的对象，在创建该对象时，创建一个 FileWriter 类型的对象作为 BufferedWriter 构造方法的参数，然后利用 System.getProperty 方法获取系统默认的换行符，利用 write 方法把 "hello world" 和该换行符写入到 D 盘的 test.txt 文件中，最后关闭流对象。

9.5　对象流

在 Java 中，利用 ObjectOutputStream 和 ObjectInputStream 这两个类来实现序列化和反序列化，其中利用 ObjectOutputStream 类进行对象的序列化，把对象写入字节流；利用 ObjectInputStream 类进行对象的反序列化，从一个字节流中读取一个对象。

9.5.1　对象序列化与反序列化

对象的序列化就是把对象写到一个输出流中，对象的反序列化是指从一个输入流中读取一个对象。将对象状态转换成字节流之后，可以用 java.io 包中的各种字节流类将其保存到文件中。对象序列化功能非常简单、强大，在 RMI、Socket、JMS、EJB 都有应用。

对象序列化特点如下。

■　对象序列化可以实现分布式对象。主要应用如：RMI 要利用对象序列化运行远程主机上的服务，就像在本地机上运行对象时一样。

■ 在 Java 中，对象序列化不仅保留一个对象的数据，而且递归保存对象引用的每个对象的数据。可以将整个对象层次写入字节流中，可以保存在文件中或在网络连接上传递。利用对象序列化可以进行对象的"深复制"，即复制对象本身及引用的对象本身。序列化一个对象可能得到整个对象序列。

序列化和反序列化过程如图 9-11 所示。

图 9-11 序列化与反序列化

在 Java 中，如果需要将某个对象保存到磁盘或通过网络传输，那么这个类必须实现 Serializable 接口或 Externalizable 接口之一。

以 Serializable 接口为例，只有实现 Serializable 接口的对象才可以利用序列化工具保存和复原。Serializable 接口没有定义成员，它只是简单地指示一个类可以被序列化。如果一个类是序列化的，所有它的子类也是可序列化的。

该接口定义如下。

```
public interface Serializable{
}
```

可以看出，这个接口没有定义任何的方法，这类接口称为标志接口（tagging interface），这种类型的接口仅仅用于标示它的子类的特性，而没有具体的方法的定义。

9.5.2 对象流

ObjectOutputStream 是 OutputStream 的子类，该类也实现了 ObjectOutput 接口，其中 ObjectOutput 接口支持对象序列化。该类的一个构造方法如下。

```
ObjectOutputStream(OutputStream outStream) throws IOException
```

其中参数 outStream 是将被写入序列化对象的输出流。

ObjectOutputStream 的常用方法及功能如表 9-14 所示。

表 9-14 ObjectOutputStream 的方法列表

方法名	功能说明
final void writeObject(Object obj)	写入一个 obj 到调用的流中
void writeInt(int i)	写入一个 int 到调用的流中
void writeBytes(String str)	写入代表 str 的字节到调用的流中
void writeChar(int c)	写入一个 char 到调用的流中

下述代码用于实现任务描述 9.D.8，利用 ObjectOutputStream 把一个 Person 类型的对象写入到文件中。

【描述 9.D.8 】 ObjectOutputStreamDemo.java

```java
public class ObjectOutputStreamDemo {
    public static void main(String[] args) {
        // 定义一个 ObjectOutputStream 类型的变量
        ObjectOutputStream obs = null;
        try {
            // 创建一个 ObjectOutputStream 的对象
            Obs = new ObjectOutputStream(new FileOutputStream("d:\\Person.tmp"));
            // 创建一个 Person 类型的对象
            Person person = new Person("201001", "张三", 25);
            // 把对象写入到文件中
            obs.writeObject(person);
            obs.flush();
        } catch (Exception ex) {
            ex.printStackTrace();
        } finally {
            try {
                obs.close();
            } catch (Exception ex) {
                ex.printStackTrace();
            }
        }
    }
}
// 定义一个 Person 实体类
class Person implements Serializable{
    private String idCard;
    private String name;
    private int age;
    public Person(String idCard, String name, int age) {
        this.idCard = idCard;
        this.name = name;
        this.age = age;
    }
//……get/set 方法代码省略
}
```

在上述代码中，首先创建了一个 ObjectOutputStream 类型的对象，其中创建一个 FileOutputStream 类型的对象作为 ObjectOutputStream 构造方法的参数，然后创建了一个

Person 类型的对象，其状态如下：编号为"201001"，姓名为："张三"，年龄为："25"。然后利用 ObjectOutputStream 对象的 writeObject 方法把对象 person 写入到 D 盘的 Person.tmp 文件中。

注意　必须保证对象 Person 已经继承了接口 Serializable。

ObjectInputStream 是 InputStream 的子类，该类也实现了 ObjectInput 接口，其中 ObjectInput 接口支持对象序列化。该类的一个构造方法如下。

```
ObjectInputStream(InputStream inputStream) throws IOException
```

其中参数 InputStream 是序列化对象被读取的输入流。

ObjectInputStream 的常用方法及功能如表 9-15 所示。

表 9-15　ObjectInputStream 常用方法列表

方法名称	功能说明
final Object readObject	从流中读取对象
int readInt()	从流中读取一个 32 位的 int 值
String readUTF()	从流中读取 UTF-8 格式的字符串
char readChar()	读取一个 16 位的 char 值

下述代码用于实现任务描述 9.D.8，利用 ObjectInputStream 从文件中读取一个 Person 类型的对象。

【描述 9.D.8】 ObjectInputStreamDemo.java

```java
public class ObjectInputStreamDemo {
    public static void main(String[] args) {
        // 定义一个 ObjectInputStream 类型的变量
        ObjectInputStream ois = null;
        try {
            // 创建一个 ObjectInputStream 的对象,进行反序列化
            ois = new ObjectInputStream(new FileInputStream("d:\\Person.tmp"));
            Object obj = ois.readObject();
            if (obj != null) {
                Person person = (Person) obj;
                System.out.println("编号为: " + person.getIdCard() + " 姓名为: "
                        + person.getName() + "年龄为: " + person.getAge());
            }
        } catch (Exception ex) {
            ex.printStackTrace();
        } finally {
            try {
```

```
            ois.close();
        } catch (Exception ex) {
            ex.printStackTrace();
        }
    }
}
```

在上述代码中，首先创建了一个 ObjectInputStream 流，其参数是 FileInputStream 流，该流将从 D 盘的 Person.tmp 文件中读取字节数据，利用 ObjectInputStream 对象的 readObject()方法读取对象数据，如果读取内容不为 null，将对象转换成 Person 类型的，使用 ObjectInputStream 进行反序列化的示意图如图 9-12 所示。

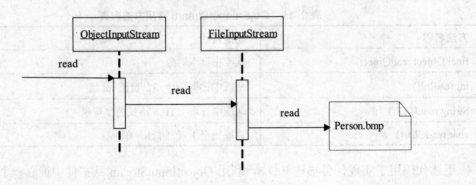

图 9-12   ObjectInputStream 读取序列

运行上面代码，执行结果如下。

编号为：201001 姓名为：张三   年龄为：25

注意   由于读取的对象是 Object 类型的，根据文件或网络中对象的实际类型进行强制转换。

小结

通过本章的学习，应该能够学会：

- Java 把不同类型的输入、输出源抽象为流（stream），用统一接口来表示，从而使程序简单明了；
- java.io 包包括一系列的类来实现输入/输出处理；
- 从方向上可以将流分为：输入流和输出流；
- 从处理的基本单位上，可以将流分为：字节流和字符流；
- 从流的角色上，可以将流分为：节点流和过滤流；

- Java 中提供了处理字节流的类，即以 InputStream 和 OutputStream 为基类派生出的一系列类；
- Java 中提供了处理 Unicode 码表示的字符流的类，即以 Reader 和 Writer 为基类派生出的一系列类；
- 序列化是将数据分解成字节流，以便存储在文件中或在网络上传输；
- 反序列化就是打开字节流并重构对象；
- 一个类可以序列化必须实现 Serializable 接口或 Externalizable 接口；
- Serializable 接口中没有定义成员，它只是简单地指示一个类可以被序列化；
- 如果一个类是序列化的，其子类也是可序列化的；
- Java 提供了支持对象序列化的对象流：ObjectInputStream 和 ObjectOutputStream；
- 进行 I/O 操作时可能会产生 I/O 异常，属于非运行时异常，应该在程序中处理；

练习

1. 以下_____属于 File 类的功能。

   A. 改变当前目录　　　　　　　　　　　B. 返回父目录的名称

   C. 删除文件　　　　　　　　　　　　　D. 读取文件中的内容

2. 给定下面代码：

```
//statement1
File file=new File("Employee.dat");
//statement2
file.seek(fileObject.length())
```

   假设这个文件不存在，指出以下描述正确的是_____。

   A. 程序编译没有任何错误，但是在执行时会在 statement 1 处抛出一个"FileNotFoundException"异常。

   B. 当编译上述代码的时候出现一个编译错误。

   C. 程序编译没有任何错误，但是在执行时会在 statement 2 处抛出一个"NullPointerException"异常。

   D. 程序编译没有任何错误，但是在执行时会在 statement 2 处抛出一个"FileNotFoundException"异常。

3. 下列类中由 InputStream 类直接派生出的是_____。

   A. BufferedInputStream　　　　　　　B. PushbackInputStream

   C. ObjectInputStream　　　　　　　　D. DataInputStream

4. 以下方法_____方法不是 InputStream 的方法。

   A. int read(byte[] buffer)　　　　　　B. void flush()

   C. void close()　　　　　　　　　　　D. int available()

5. 下列_____类可以作为 FilterInputStream 的构造方法的参数。

    A. InputStream   B. File

    C. FileOutputStream   D. String

6. Java 中按照流的流向可分为几种，举例说明？按照流的角色分为几种，举例说明？按照流处理数据单位的大小（字节或字符）分为几种，举例说明？

7. Reader 类具有读取 float 和 double 类型数据的方法吗？

8. 在 D 盘中创建文件 test.txt，文件中内容为："hello Java"，然后利用流把该文件复制到 E 盘根目录下。

9. 编程模仿 DOS 下的 dir 命令，列出某个目录下的内容

10. 简述序列化和反序列化概念。

第 10 章 反　　射

本章目标

- 理解 Class 类
- 理解 Java 的类加载机制
- 学会使用 ClassLoader 进行类加载
- 学会使用 instanceof 关键字判断引用类型
- 理解反射的机制
- 掌握 Constructor、Method、Field 类的用法

学习导航

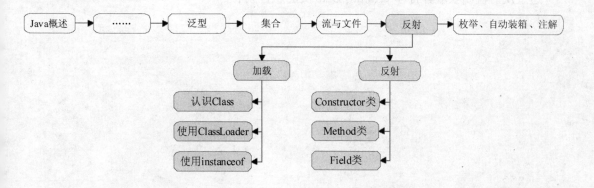

任 务 描 述

【描述 10.D.1】
　　通过继承关系演示 Class 类的使用。

【描述 10.D.2】
　　演示类加载机制的层次关系。

【描述 10.D.3】
　　通过继承关系演示 instanceof 关键字的使用。

【描述 10.D.4】
　　通过反射机制获取并打印 java.util.Date 类的构造函数信息。

【描述 10.D.5】
　　通过反射机制获取并打印 java.util.Date 类的方法列表。

【描述 10.D.6】
　　通过反射机制获取并打印 java.util.Date 类的属性列表。

10.1　类加载

类加载器是在运行时负责寻找和加载类文件的类。Java 允许使用不同的类加载器，甚至自定义的类加载器。Java 程序包含很多类文件，每一个都与单个 Java 类相对应，这些类文件需要随时加载，这就是类加载器与众不同的地方。它从源文件（通常是.class 或 .jar 文件）获得不依赖平台的字节码，然后将它们加载到 JVM 内存空间，所以它们能被解释和执行。默认状态下，应用程序的每个类由 java.lang.ClassLoader 加载。因为它可以被继承，所以可以自由地加强其功能。

 ### 10.1.1　认识 Class

Java 程序在运行时，系统一直对所有的对象进行所谓的运行时类型标示。这项信息记录了每个对象所属的类。虚拟机通常使用运行时类型信息选准正确方法去执行，用来保存这些类型信息的类是 Class 类。Class 类封装一个对象和接口运行时的状态，当装载类时，Class 类型的对象自动创建。

虚拟机为每种类型管理一个独一无二的 Class 对象，即每个类（型）都有一个 Class 对象。运行程序时，Java 虚拟机（JVM）首先检查所要加载的类对应的 Class 对象是否已经加载。如果没有加载，JVM 就会根据类名查找.class 文件，并将其 Class 对象载入。

Class 无公共构造方法，其对象是在加载类时由 Java 虚拟机，以及通过调用类加载器中的 defineClass 方法自动构造的，因此不能显式地用 new 关键字来创建一个 Class 对象。每个类都有一个 Class 属性，可以直接以类.class 方式访问，也可以通过实例访问到，但实例获得 Class 对象必须要调用 GetClass()方法才可以。Class 常用方法及使用说明如表 10-1 所示。

表 10-1　Class 类的方法列表

方法名	功能说明
static Class forName(String name)	返回指定类名 name 的 Class 对象
Object new Instance()	调用默认构造函数，返回该 Class 对象的一个实例
Object new Instance(Object []args)	调用当前格式构造函数，返回该 Class 对象的一个实例
getName()	返回此 Class 对象所表示的实体（类、接口、数组类、基本类型或 void）名称
Class getSuperClass()	返回当前 Class 对象的父类的 Class 对象
Class [] getInterfaces()	获取当前 Class 对象的接口
ClassLoader getClassLoader()	返回该类的类加载器
Class getSuperclass()	返回表示此 Class 所表示的实体超类的 Class

下述代码用于实现任务描述 10.D.1，通过继承关系演示 Class 类的使用。

首先定义 Person 类及其子类 Student 类，结构如下。

【描述 10.D.1】 Person.java

```
public class Person {
    String name;
    // 如果使用 Class 的 newInstance() 构造对象，则需要提供默认构造函数
    public Person() {
    }
    public Person(String name) {
        this.name = name;
    }
}
public class Student extends Person {
    int age;
    public Student() {
    }
    public Student(String name, int age) {
        super(name);
        this.age = age;
    }
}
```

然后编写测试代码，使用 Class 类实现 Student 对象的创建。

【描述 10.D.1】 ClassDemo.java

```
public class ClassDemo {
    public static void main(String[] args) {
        String className = "com.haiersoft.ch10.Student";
        // 调用 forName() 方法可能抛出异常，需要放到 try 内部
        try {
            // 调用静态方法 forName() 获得字符串对应的 Class 对象
            Class c1 = Class.forName(className);
            // 构造一个对象，构造类中必须提供相应的默认构造函数实现
            Object obj = c1.newInstance();
            // 通过类.class，获取 Class 实例
            System.out.println(Student.class);
            // 通过具体对象，获取 Class 实例
            System.out.println(obj.getClass().getName());
            if (obj.getClass() == Student.class) {
                System.out.println("The class is student class!");
            }
            // 获取当前 Class 对象之父类的 Class 对象
            Class superClass = c1.getSuperclass();
            Object obj2 = superClass.newInstance();
```

```
        System.out.println(obj2.getClass().getName());
        // 继续获取父类的 Class 对象
        Class furtherClass = superClass.getSuperclass();
        Object obj3 = furtherClass.newInstance();
        System.out.println(obj3.getClass().getName());
    } catch (Exception e) {
        System.out.println(e);
    }
  }
}
```

执行结果如下。

```
class com.haiersoft.ch10.Student
com.haiersoft.ch10.Student
The class is student class!
com.haiersoft.ch10.Person
java.lang.Object
```

虚拟机为每种类型管理一个独一无二的 Class 对象。因此可以使用 "==" 操作符来比较类对象。通过运行结果分析，可以确定 obj.getClass() 和 Student.class 事实上是 JVM 管理的同一个 Class 对象。

注意　如果调用 Class.forName(name) 方法，由于指定的类名可能不存在，需要将其放到 try…catch 语句块中。

10.1.2　使用 ClassLoader

类装载器是用来把类（class）装载进 JVM 的。JVM 规范定义了两种类型的类装载器：启动内装载器（bootstrap）和用户自定义装载器（user-defined class loader）。

JVM 在运行时会产生 3 个类加载器组成的初始化加载器层次结构，如图 10-1 所示。

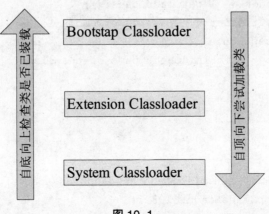

图 10-1

- Bootstrap（启动类加载器）是用 C++编写的，是 JVM 自带的类装载器，负责 Java 平台核心库，用来装载核心类库，如 java.lang.*等，在 Java 中看不到它，是 null。
- Extension（扩展类加载器）主要负责 jdk_home/lib/ext 目录下的 jar 包或 -Djava.ext.dirs 指定目录下的 jar 包装入工作。
- System（系统类加载器）主要负责 java -classpath/-Djava.class.path 所指的目录下的类与 jar 包装入工作。

Java 提供了抽象类 ClassLoader，所有用户自定义类装载器都实例化自 ClassLoader 的子类。 ClassLoader 是一个特殊的用户自定义类装载器，由 JVM 的实现者提供，如不特殊指定，其将作为系统默认的装载器。

下述代码用于实现任务描述 10.D.2，演示类加载机制的层次关系。

【描述 10.D.2】 ClassLoaderDemo.java

```java
public class ClassLoaderDemo {
    public static void main(String[] args) {
        ClassLoader classloader;
        //获取系统默认的 ClassLoader
        classloader = ClassLoader.getSystemClassLoader();
        System.out.println(classloader);
        while (classloader != null) {
            //取得父的 ClassLoader
            classloader = classloader.getParent();
            System.out.println(classloader);
        }
        try {
            Class cl = Class.forName("java.lang.Object");
            classloader = cl.getClassLoader();
            System.out.println("java.lang.Object's loader is  " + classloader);
            cl = Class.forName("com.haiersoft.ch10.ClassLoaderDemo");
            classloader = cl.getClassLoader();
            System.out.println("ClassLoaderDemo's loader is  " + classloader);
        } catch (Exception e) {
            System.out.println("Check name of the class");
        }
    }
}
```

执行结果如下。

```
//表示系统类装载器实例化自类 sun.misc.Launcher$AppClassLoader
sun.misc.Launcher$AppClassLoader@19821f
//表示系统类装载器的 parent 实例化自类 sun.misc.Launcher$ExtClassLoader
```

```
sun.misc.Launcher$ExtClassLoader@addbf1
//表示系统类装载器 parent 的 parent 为 bootstrap，无法直接获取
null
//表示类 Object 是由 bootstrap 装载的
java.lang.Object's loader is null
//表示用户类是由系统类装载器装载的
ClassLoaderDemo's loader is sun.misc.Launcher$AppClassLoader@19821f
```

ClassLoader 加载类时，首先检查 cache 是否有该类：

- 若有该类直接返回；
- 若无该类，请求父类加载；
- 如果父类无法加载，则从 bootstap classloader 加载；

然后加载指定类，搜索的顺序是：

01 寻找 Class 文件（丛与此 ClassLoader 相关的类路径中寻找）。

02 从文件载入 Class。

03 找不到则抛出 ClassNotFoundException。

10.1.3　使用 instanceof

instanceof 关键字用于判断一个引用类型变量所指向的对象是否是一个类（或接口、抽象类、父类）的实例。在第 5 章中已经介绍过，这里做几点补充。

- 子类对象 instanceof 父类，返回 true。
- 父类对象 instanceof 子类，返回 false。
- 如果两个类不在同一个继承家族中，使用 instanceof 时会出现错误。
- 数组类型也可以使用 instanceof 来比较。

下述代码用于实现任务描述 10.D.3，通过继承关系演示 instanceof 关键字的使用。

【描述 10.D.3】 InstanceofDemo.java

```java
public class InstanceofDemo {
    public static void typeof(Object obj) {
        if (obj instanceof Student) {
            System.out.println("Student!");
        }
        if (obj instanceof Person) {
            System.out.println("Person!");
        }
    }
}
```

```
public static void main(String[] args) {
    Person bobj1 = new Person("tom");
    Student dobj1 = new Student("jack",23);
    typeof(bobj1);
    // typeof 的两条 if 语句都执行
    typeof(dobj1);
    Person bobj2 = new Person("rose");
    Person bobj3 = new Student("white",25);
    typeof(bobj2);
    // typeof 的两条 if 语句都执行
    typeof(bobj3);
    String str[] = new String[2];
    // 数组类型也可以使用 instanceof 来比较
    if (str instanceof String[]) {
        System.out.println("true! ");
    }
}
}
```

由于 Student 类是 Person 类的子类，所以在 typeof(dobj1)判定过程中两个 if 语句都将执行。

10.2 反射

Reflection（反射）是 Java 被视为动态语言的关键，反射机制允许程序在执行期借助于 Reflection API 取得任何类的内部信息，并能直接操作任意对象的内部属性及方法。

Java 反射机制主要提供了以下功能：

■ 在运行时判断任意一个对象所属的类。
■ 在运行时构造任意一个类的对象。
■ 在运行时判断任意一个类所具有的成员变量和方法。
■ 在运行时调用任意一个对象的方法。
■ 生成动态代理。

Java 的这个能力在 Web 应用中也许用得不是很多，但是在商业 Java 组件开发过程中，其身影无处不在，反射机制是如今很多流行框架的实现基础，其中包括 Spring、Hibernate 等。

先来看一个代码片段。

```
Class c = Class.forName("java.lang.Object");
//获取当前类对象的所有方法
Method method[] = c.getDeclaredMethods();
```

```
for (int i = 0; i < method.length; i++) {
    System.out.println(method[i].toString());
}
```

上述代码将输出 Object 类定义的所有方法。Java 通过 Reflection API 来完成反射机制，在 java.lang.reflect 包中有 Field、Method、Constructor 三个类分别用于描述类的属性、方法和构造函数。

 ## 10.2.1　Constructor 类

Constructor 类用于表示类中的构造方法（Constructor），通过调用 Class 对象的 getConstructors()方法就能获取当前类的构造方法的集合。Constructor 常用方法及使用说明如表 10-2 所示。

表 10–2　Constructor 类的方法列表

方法名	功能说明
String getName()	返回构造函数的名称
Class [] getParameterTypes()	返回当前构造函数的参数类型
int getModifiers()	返回修饰符的整型标示

下述代码用于实现任务描述 10.D.4，getConstructors 方法用于获取指定类的构造方法信息。

【描述 10.D.4】 ConstructorReflectionDemo.java

```
public class ConstructorReflectionDemo {
    //... ...省略代码部分
    public static void getConstructors(Class cl) {
        // 返回声明的所有构造函数包括私有的和受保护的，但不包括超类构造函数
        Constructor[] constructors = cl.getDeclaredConstructors();
        for (int i = 0; i < constructors.length; i++) {
            Constructor c = constructors[i];
            // 返回构造函数的名称
            String name = c.getName();
            // 通过 Modifier 类获取修饰符
            System.out.print("   " + Modifier.toString(c.getModifiers()));
            System.out.print(" " + name + "(");
            // 获取构造函数的参数
            Class[] paramTypes = c.getParameterTypes();
            // 打印构造函数的参数
            for (int j = 0; j < paramTypes.length; j++) {
                if (j > 0){
                    System.out.print(", ");
```

```
        }
            System.out.print(paramTypes[j].getName());
        }
        System.out.println(");");
    }
    }
}
```

上述代码引入了 Modifier 类，通过调用 Modifier.toString(int mod) 方法，返回预定义对应的修饰符字符串。可通过下述代码查看各修饰符的对应值。

```
System.out.println(Modifier.PUBLIC);
```

下面通过传入 java.util.Date 类，来获取 Date 类的构造方法定义。

【描述 10.D.4】 ConstructorReflectionDemo.java

```
public class ConstructorReflectionDemo {
    public static void main(String[] args) {
        String name = "java.util.Date";
        try {
            Class cl = Class.forName(name);
            System.out.println("class " + name + "{");
            getConstructors(cl);
            System.out.println("}");
        } catch (ClassNotFoundException e) {
            System.out.println("Check name of the class!");
        }
    }
}
```

执行结果如下。

```
class java.util.Date{
  public java.util.Date(long);
  public java.util.Date(int, int, int);
  public java.util.Date(int, int, int, int, int);
  public java.util.Date(int, int, int, int, int, int);
  public java.util.Date(java.lang.String);
  public java.util.Date();
}
```

通过上述程序的运行结果与 Date 类的 API 进行对照，通过反射操作，获取了 Date 类的所有构造方法的定义及参数信息。

10.2.2　Method 类

Method 类提供关于类或接口上某个方法的信息，它是用来封装反射类方法的一个类。Method 类的常用方法及使用说明如表 10-3 所示。

表 10-3　Method 类的方法列表

方法名	功能说明
String getName()	返回方法的名称
Class [] getParameterTypes()	返回当前方法的参数类型
int getModifiers()	返回修饰符的整型标示
Class getReturnType()	返回当前方法的返回类型

下述代码用于实现任务描述 10.D.5，getMethods 方法用于获取指定类的所有方法的信息。

【描述 10.D.5】　MethodReflectionDemo.java

```java
public class MethodReflectionDemo {
    //……省略代码部分
    public static void getMethods(Class cl) {
        // 返回声明的所有方法包括私有的和受保护的，但不包括超类方法
        Method[] methods = cl.getDeclaredMethods();
        // 返回公共方法，包括从父类继承的公共方法
        // Method[] methods = cl.getMethods();
        for (int i = 0; i < methods.length; i++) {
            Method method = methods[i];
            // 获取当前方法的返回类型
            Class retType = method.getReturnType();
            // 获取方法名
            String name = method.getName();
            System.out.print("   " + Modifier.toString(method.getModifiers()));
            System.out.print(" " + retType.getName() + " " + name + "(");
            // 打印参数信息
            Class[] paramTypes = method.getParameterTypes();
            for (int j = 0; j < paramTypes.length; j++) {
                if (j > 0) {
                    System.out.print(", ");
                }
                System.out.print(paramTypes[j].getName());
            }
            System.out.println(");");
        }
    }
}
```

在这里，Method 类的 getDeclaredMethods 方法将返回包括私有和受保护的所有方法，但不包括父类方法；getMethods 返回的方法列表将包括从父类继承的公共方法。

下面通过传入 java.util.Date 类，来获取 Date 类的方法列表。

【描述 10.D.5】 ConstructorReflectionDemo.java

```java
public class ConstructorReflectionDemo {
    public static void main(String[] args) {
        String name = "java.util.Date";
        try {
            Class cl = Class.forName(name);
            System.out.println("class " + name + "\n{");
            getMethods(cl);
            System.out.println("}");
        } catch (ClassNotFoundException e) {
            System.out.println("Check name of the class!");
        }
    }
}
```

10.2.3　Field 类

Field 类提供有关类或接口的属性的信息，以及对它的访问权限。Field 类的常用方法及使用说明如表 10-4 所示。

表 10-4　Field 类的方法列表

方法名	功能说明
String getName()	返回方法的名称
Class [] getType()	返回当前属性的参数类型

下述代码用于实现任务描述 10.D.6，getMethods 方法用于获取指定类或接口定义的属性信息。

【描述 10.D.6】 FieldReflectionDemo.java

```java
public class FieldReflectionDemo {
    //... ...省略代码部分
    public static void getFields(Class cl) {
        // 返回声明的所有属性包括私有的和受保护的，但不包括超类属性
        Field[] fields = cl.getDeclaredFields();
        // 返回公共属性，包括从父类继承的公共属性
        // Field[] fields = cl.getFields();
        for (int i = 0; i < fields.length; i++) {
```

```
        Field field = fields[i];
        Class type = field.getType();
        String name = field.getName();
        System.out.print("   " + Modifier.toString(field.getModifiers()));
        System.out.println(" " + type.getName() + " " + name + ";");
    }
  }
}
```

在这里，Field 类的 getDeclaredFields 方法将返回包括私有和受保护的所有属性定义，但不包括父类的属性；getFields 返回的属性列表将包括从父类继承的公共属性。

下面通过传入 java.util.Date 类，来获取 Date 类的属性列表。

【描述 10.D.6】 FieldReflectionDemo.java

```
public class FieldReflectionDemo {
    public static void main(String[] args) {
        String name = "java.util.Date";
        try {
            Class cl = Class.forName(name);
            System.out.println("class " + name + "\n{");
            getFields(cl);
            System.out.println("}");
        } catch (ClassNotFoundException e) {
            e.printStackTrace();
        }
    }
}
```

小结

通过本章的学习，应该能够学会：

- Class 类的实例表示正在运行的 Java 应用程序中的类和接口；
- 虚拟机为每种类型管理一个独一无二的 Class 对象，可以使用 "==" 操作符来比较类对象；
- ClassLoader 是 JVM 将类装入内存的中间类；
- instanceof 关键字用于判断一个引用类型变量所指向的对象是否是一个类的实例；
- 反射是 Java 被视为动态（或准动态）语言的一个关键性质；
- 利用 Java 反射机制可以获取类的相关定义信息：属性、方法、访问修饰符；
- Constructor 类用于表示类中的构造方法；

■ Method 类提供关于类或接口上某个方法的信息；

■ Field 类提供有关类或接口的属性信息。

练习

1. 假设 Person 类没有默认构造方法，下列不能运行通过的选项是_____（选择两项）。

   A. Class clazz = Class.class;

   B. Class clazz = Class.forName("java.lang.Class");

   C. Class<Person> clazz = new Class<Person>();

   D. Person person =(Person) clazz.newInstance()

2. 当类（型）被加载到虚拟机后，对于每种数据类型在 Java 虚拟机中会有_____个 Class 对象与之对应。

   A. 1   B. 2   C. 3   D. 4

3. 能不能直接通过 new 来创建某种类型的 Class 对象？为什么？

4. 简述 Class.forName 的作用?为什么要用？

5. 简述类在什么情况下被加载？

6. 简要描述一下 Field、Method、Constructor 的功能。

第 11 章　枚举、自动装箱、注解

本章目标

- 掌握枚举的定义和使用
- 理解自动装箱/拆箱的概念
- 掌握自动装箱/拆箱的使用
- 掌握注解的定义和使用
- 了解内置注解功能

学习导航

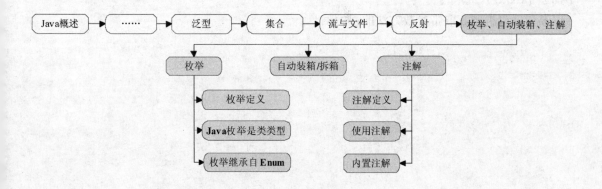

任务描述

【描述 11.D.1】
演示枚举的声明和使用。

【描述 11.D.2】
创建带构造函数的枚举类，并遍历输出各枚举常量的值。

【描述 11.D.3】
演示枚举方法 ordinal、compareTo 和 equals 的使用。

【描述 11.D.4】
自动装箱/拆箱在各种情形下的使用。

【描述 11.D.5】
通过反射机制获取指定方法的注解信息。

【描述 11.D.6】
通过反射机制获取带参数方法的注解信息。

11.1   枚举

在开发过程中经常遇到这种情况，定义一个汽车类。

```
public class Car {
    private int color;
    public void setColor(int color) {
        this.color = color;
    }
    public int getColor() {
        return color;
    }
}
```

为限制汽车颜色的取值，通常通过定义常量接口或者常量类加以限制。

```
public interface CarColor {
    int RED = 0;
    int BLACK = 1;
    int WHITE = 2;
}
```

实际应用时显示如下。

```
public class CarColorTest {
    public static void main(String[] args) {
        Car ford = new Car();
        ford.setColor(CarColor.BLACK);
        System.out.println(ford.getColor());
        // 超出定义的范围,无效
        ford.setColor(1000);
        System.out.println(ford.getColor());
    }
}
```

在这里 CarColor 类是一个自己定义的"枚举类"，它从形式上限制了汽车颜色的取值范围，但在实际应用过程中，用户可以将任意的 int 值指定给汽车类实例，如上述代码中的 ford.setColor(1000)，这样就会产生 BUG。使用 JDK5.0 的枚举可以很方便地解决上述问题。

枚举类型是 JDK5.0 的新特征。枚举最简单的形式就是一个命名常量的列表。在 Java 中，枚举定义为一个类类型。

11.1.1 枚举定义

使用关键字 enum 来定义一个枚举类。下面是针对上述问题枚举类型的定义。

```
public enum CarColor1 {
    RED,BLACK,WHITE
}
```

RED、BLACK 这一类标示符称为枚举常量，它们全部被隐式声明为 CarColor 的 public static final 成员，且类型就是声明的枚举类型。

枚举类型一旦被定义，就可以创建该类型的变量，枚举变量的声明和使用方法类似于操作基本类型，但不能使用 new 实例化一个枚举。

下述代码用于实现任务描述 11.D.1，演示枚举的声明和使用。

【描述 11.D.1】 CarColorDemo1.java

```
public class CarColorDemo1 {
    public static void main(String[] args) {
        CarColor1 c1;
        c1 = CarColor1.RED;
        System.out.println("c1 的值是: " + c1);
        c1 = CarColor1.BLACK;
        switch (c1) {
        case RED:
            System.out.println("c1 的颜色是红色");
            break;
        case BLACK:
            System.out.println("c1 的颜色是黑色");
            break;
        case WHITE:
            System.out.println("c1 的颜色是白色");
            break;
        }
    }
}
```

执行结果如下。

```
c1 的值是: RED
c1 的颜色是黑色
```

注意　枚举使用的一条普遍规则是，任何使用常量的地方，如 switch 代码切换常量的地方。如果只有单独一个值（例如某人的身高、体重），最好把这个任务留给常量。但是，如果定义了一组值，而这些值中的任何一个都可以用于特定的数据类型，那么将枚举用在这个地方最适合不过了。

 11.1.2　Java 枚举是类类型

Java 的枚举是类类型，它具有与其他类几乎相同的特性，在枚举类型中有构造函数、方法和属性。但是，枚举类的构造函数只是在构造枚举值的时候被调用。每一个枚举常量是它的枚举类的一个对象，建立每个枚举常量时都要调用该构造函数。

下述代码用于实现任务描述 11.D.2，演示了带构造函数的枚举类的使用，定义枚举类如下。

【描述 11.D.2】 CarColor2.java

```java
public enum CarColor2 {
    RED(0), BLACK(1), WHITE(2);
    private int value;
    CarColor2(int value) {
        this.value = value;
    }
    int getValue() {
        return value;
    }
}
```

枚举 CarColor2 中增加了三个内容：第一个是属性 value，表示各颜色对应的值；第二个是 CarColor2 构造函数，传递 value 的值；第三个是方法 getValue，返回颜色值。

注意　在定义枚举类的构造函数时，不能定义 public 构造函数；最后一个枚举值末尾用分号结束。

所有枚举类型自动包括两个预定义的方法，如表 11-1 所示。

表 11-1　枚举类型预定义方法列表

方法名	功能说明
public static enumtype []values()	返回一个包含全部枚举值的数组
public static enumtype valueOf(String str)	返回带指定名称的指定枚举类型的枚举常量

使用 values 方法，结合 for each 语句，可以很方便地完成枚举值的遍历。

【描述 11.D.2】 CarColorDemo2.java

```java
public class CarColorDemo2 {
    public static void main(String[] args) {
        // 输出所有枚举常量对应的值
        for (CarColor2 c2 : CarColor2.values())
            System.out.println(c2 + "的值是: " + c2.getValue());
```

执行结果如下。

```
RED 的值是: 0
BLACK 的值是: 1
WHITE 的值是: 2
```

枚举 CarColor2 中只包括一个属性，一个构造函数，实际上枚举能够以更复杂的形式体现。

```java
public enum Color {
    RED(255, 0, 0), BLUE(0, 0, 255), BLACK, GREEN(0, 255, 0);
    // 构造枚举值，比如 RED(255,0,0)
    Color(int rv, int gv, int bv) {
        redValue = rv;
        greenValue = gv;
        blueValue = bv;
    }
    // 默认构造函数
    Color() {
        redValue = 0;
        greenValue = 0;
        blueValue = 0;
    }
    // 自定义的 public 方法
    public String toString() {
        return super.toString() + "[" + redValue + "," + greenValue + ","
                + blueValue + "]";
    }
    // 自定义属性，private 为了封装。
    private int redValue;
    private int greenValue;
    private int blueValue;
}
```

在枚举 Color 中，BLACK 没有给定参数，意味着调用默认构造函数初始化其属性值。

注意 枚举使用有两个限制：首先，枚举不能继承另一个类；其次，枚举本身不能被继承。每个枚举常量都是定义它的类的一个实例。

11.1.3 枚举继承自 Enum

所有枚举类都继承自 java.lang.Enum，此类定义了所有枚举都可以使用的方法，如表 11-2 所示。

表 11-2 Enum 类的方法列表

方法名	功能说明
final int ordinal()	返回枚举值在枚举类种的顺序，这个顺序根据枚举值声明的顺序而定
final int compareTo(enumtype e)	Enum 实现了 java.lang.Comparable 接口，因此可以与指定的对象来比较顺序
boolean equals(Object other)	比较两个枚举引用的对象是否相等

下述代码用于实现任务描述 11.D.3，演示了 ordinal、compareTo 和 equals 方法的使用。

【描述 11.D.3】 CarColorDemo3.java

```java
public class CarColorDemo3 {
    public static void main(String[] args) {
        CarColor2 c1, c2, c3;
        for (CarColor2 c : CarColor2.values()) {
            System.out.println(c + ":" + c.ordinal());
        }
        c1 = CarColor2.RED;
        c2 = CarColor2.BLACK;
        c3 = CarColor2.RED;
        if (c1.compareTo(c2) < 0) {
            System.out.println(c1 + "在" + c2 + "之前");
        }
        if (c1.equals(c3)) {
            System.out.println(c1 + "等于" + c3);
        }
        if (c1 == c3) {
            System.out.println(c1 + "==" + c3);
        }
    }
}
```

在上述代码中，equals()方法可以比较一个枚举常量和任何其他对象，但只有这两个对象属于同一个枚举类型且均值是同一个常量，二者才会相等。比较两个枚举引用是否相等时可以使用 "=="。

执行结果如下。

```
RED:0
```

```
BLACK:1
WHITE:2
RED 在 BLACK 之前
RED 等于 RED
RED==RED
```

 ## 11.2　自动装箱/拆箱

Java 中使用基本类型（如 int、float）来保存数值，为了使用方便，有时需要将基本类型的数据包装成对象类型，为了处理这些情况，Java 提供了类型包装器类。

Java 的类型包装器有 Double、Float、Long、Integer、Short、Byte、Character 和 Boolean，这些类提供了一系列方法，允许基本类型和对象类型之间进行转换。

下面代码以 int 类型为例，演示了基本类型和类型包装器之间的转换。

```java
public class WrapperDemo {
    public static void main(String []args){
        // 将基本类型转换为包装器类对象
        Integer iobj = new Integer(10);
        // 将包装器类对象转换为基本类型
        int num = iobj.intValue();
    }
}
```

JDK5.0 引入了自动装箱/拆箱的功能，大大方便了基本类型和包装器类之间的转换，有助于防止发生错误。

每当需要一种类型的对象时，这种基本类型会被自动封装到与它相同类型的包装器中，这个过程称为装箱；反过来，当需要一个值时，当前对象的值会从类包装器中自动提取出来，这个过程称为拆箱。

下面代码使用自动装箱/拆箱功能改写上一个程序。

```java
public class AutoWrapperDemo {
    public static void main(String[] args) {
        Integer iobj = 10;
        int num = iobj;
    }
}
```

除在赋值语句中使用，自动装箱/拆箱功能还可以应用于下述情况：

- 自动装箱/拆箱会在传递一个参数给方法或者方法返回一个值时自动发生；
- 自动装箱/拆箱会在表达式中运算过程中自动发生；

- Boolean 和 Character 类型的包装器同样适用于自动装箱/拆箱；

下述代码用于实现任务描述 11.D.4，演示了自动装箱/拆箱在各种情形下的使用。

【描述 11.D.4】 AutoWrapperDemo2.java

```java
public class AutoWrapperDemo2 {
    public static int func(Integer iobj){
        // 在表达式中使用自动装箱/拆箱
        iobj++;
        return iobj;
    }
    public static void main(String[] args) {
        Integer iobj =10;
        // 在参数传递中使用自动装箱/拆箱
        System.out.println(func(iobj));
        // Boolean 类型自动装箱/拆箱
        Boolean flag = true;
        if(flag){
            System.out.println("flag is true");
        }
        // Character 类型自动装箱/拆箱
        Character ch = 'a';
        char ch2=ch;
        System.out.println("ch2:"+ch2);
    }
}
```

执行结果如下。

```
11
flag is true
ch2:a
```

11.3　注解

注解是 JDK5.0 新增特性，它能够将补充信息嵌入到源文件中。注解不能改变程序的操作，通常在开发和配置期间用于为工具（工具类等）提供运行信息或决策依据。注解在如 Spring、Hibernate 3、Struts 2、iBatis 3、JPA、JUnit 等中都得到了广泛应用，通过使用注解，代码的灵活性大大提高。

11.3.1　注解定义

Java 的注解基于接口机制建立。下面语句声明了一个注解。

```
@Retention(RetentionPolicy.RUNTIME)
public @interface Anno1 {
    String comment();
    int order();
}
```

注解通过@interface 声明，注解的成员由未实现的方法组成（如：comment()和 order()），注解体的成员会在 Java 编码过程中实现。如：

```
@Anno1(comment="方法功能描述",order =1)
public void func(){... ... }
```

本注解在使用过程中，通过为 comment 和 order 指定具体值，为方法 func 添加了功能信息描述和序号。

在定义注解时，可以使用 default 语句为注解成员指定默认值，一般形式如下。

```
type member() default value;
```

这里的 value 必须与 type 指定的类型一致。下述代码声明了包括默认值的注解。

```
@Retention(RetentionPolicy.RUNTIME)
public @interface Anno1 {
    String comment();
    int order() default 1;
}
```

在注解的定义过程中，还可以为其指定保留策略，用于指导 JVM 决策在哪个时期点上删除当前注解。Java 在 java.lang.annotation.RetentionPolicy 中提供了三种策略，如表 11-3 所示。

表 11-3　注解保留策略

策略值	功能说明
SOURCE	注解只在源文件中保留，在编译期间删除
CLASS	注解只在编译期间存在于.class 文件中
RUNTIME	最长注解持续期，运行时可以通过 JVM 来获取

保留策略通过使用 Java 的内置注解@Retention 来指定，如上述代码中的：

```
@Retention(RetentionPolicy.RUNTIME)
```

通过指定保留策略，在程序运行期间就可以通过 JVM 获取注解所关联方法的描述信息。

11.3.2　使用注解

注解大多是为其他工具（工具类等）提供运行信息或决策依据而设计的，任何 Java 程序都可以通过使用反射机制来查询注解实例的信息。

JDK5.0 在 java.lang.reflect 包中新增了一个 AnnotatedElement 接口，用于在反射过程中提供注解操作支持。AnnotatedElement 方法如表 11-4 所示。

表 11-4　AnnotatedElement 的方法列表

方法名	功能说明
Annotation getAnnotation(Class annotype)	返回调用对象的注解
Annotation getAnnotations()	返回调用对象的所有注解
Annotation getDeclareedAnnotations()	返回调用对象的所有非继承注解
Boolean isAnnotationPresent(Class annotype)	判断与调用对象关联的注解是由 annoType 指定的

下述代码用于实现任务描述 11.D.5，通过反射机制获取指定方法的注解信息。

【描述 11.D.5】 AnnoDemo1.java

```
public class AnnoDemo1 {
    @Anno1(comment = "不带参数的方法")
    public static void func() {
    }
    public static void getAnnotation() {
        AnnoDemo1 demo1 = new AnnoDemo1();
        try {
            Class c = demo1.getClass();
            // 获取方法 func 的封装对象
            Method mth = c.getMethod("func");
            // 从方法 func 封装对象中获取 Anno1 注解信息
            Anno1 anno = mth.getAnnotation(Anno1.class);
            System.out.println(anno.comment() + ":" + anno.order());
        } catch (NoSuchMethodException exc) {
            System.out.println("方法未发现.");
        }
    }
    public static void main(String args[]) {
        getAnnotation();
    }
}
```

执行结果如下。

```
不带参数的方法:1
```

上述示例使用反射来获得并显示与方法 func 关联的 Anno1 注解的值，这里有三点需要特别注意，首先，在下述语句中：

```
Anno1 anno = mth.getAnnotation(Anno1.class);
```

返回的结果是一个 Anno1 类型的对象，也就是注解。另外，注解成员的值可以通过调用已定义注解中的方法来取得的，即上述代码中的：

```
System.out.println(anno.comment() + ":" + anno.order());
```

最后，在 Anno1 的定义过程中为 order 指定了默认值为 1，这意味着使用@Anno1 时，如果不为 order 指定新值，其值即为默认值。

注意　为能使用反射机制获取注解的相关信息，必须将注解的保留策略设置为 RetentionPolicy.RUNTIME。

现在调整 AnnoDemo1 中的方法 func，为其增加一个参数，调整后如下所示。

```
@Anno1(comment = "带一个参数的方法", order = 2)
public static void func2(int num) {
}
```

针对上述情况，为获得带参数方法的 Method 对象，需指定代表这些参数类型的类对象，作为 getMethod 方法的参数。

下述代码片段用于实现任务描述 11.D.6，通过反射机制获取带参数方法的注解信息。

【描述 11.D.6】 AnnoDemo2.java

```
public class AnnoDemo2 {
    @Anno1(comment = "带一个参数的方法", order = 2)
    public static void func2(int num) {
    }
    public static void getAnnotation2() {
        AnnoDemo1 demo1 = new AnnoDemo1();
        try {
            Class c = demo1.getClass();
            // 获取带参数的 func 的封装对象
            Method mth = c.getMethod("func2",int.class);
            // 从方法 func 封装对象中获取 Anno1 注解信息
            Anno1 anno = mth.getAnnotation(Anno1.class);
            System.out.println(anno.comment() + ":" + anno.order());
```

```
        } catch (NoSuchMethodException exc) {
            System.out.println("方法未发现.");
        }
    }
    public static void main(String args[]) {
        getAnnotation2();
    }
}
```

执行结果如下。

带一个参数的方法:2

在上述代码中，func 带有一个 int 参数，为了获得这个方法的 Method 对象信息，须按下列代码格式调用 getMethod。

```
Method mth = c.getMethod("func2",int.class);
```

这里，int.class 代表 int 类型作为附加参数被传递。

11.3.3　内置注解

除@Retention，Java 中还提供了其他内置注解，其功能如下。

@Retention：指定其所修饰的注解的保留策略，只能作为一个注解的注解。

@Document：此注解是一个标记注解，用于指示一个注解将被文档化，其只能用作对一个注解的声明注解。

@Target：用来限制注解的使用范围，只能作为一个注解的注解，其使用格式为：

@Target({应用类型 1，应用类型 2，…….})

其中应用类型如下。

- TYPE：类、接口、注解或枚举类型
- FIELD：属性，包括枚举常量
- METHOD：方法
- PARAMETER：参数
- CONSTRUCTOR：构造方法
- LOCAL_VARIABLE：局部变量
- ANNOTATION_TYPE：注解类
- PACKAGE：包

@Override：该注解仅应用于方法，用来指明被其注解的方法必须重写超类中的方法，否则会发生编译错误。

@Inherited：该注解使父类的注解能被其子类继承，它是一个标记注解，只能作为一个注解的注解。

@Deprecated：该注解用于声明元素已经过时，不鼓励使用。如果坚持使用，可能会带来潜在问题。

@SuppressWarnins：该注解允许开发人员控制编译器警告的发布，例如泛型使所有的类型安全操作成为可能，如果没有使用泛型而存在类型安全问题，编译器将会抛出警告。其使用格式为：

@SuppressWarnins(参数名)

其中参数表示如下。

- deprecated：过时的类或方法
- finally：finally 子句无法正常完成
- fallthrough：switch 程序块中没有使用 break
- serial：类缺少 serialVersionUID
- unchecked：未经检查的类型转换
- unused：定义了但从未使用
- all：以上全部情况

小结

通过本章的学习，应该能够学会：

- 枚举是一个命名常量的列表；
- Java 枚举是类类型，继承自 Enum；
- 自动装箱/拆箱简化了基本数据类型和其对应类型包装器之间的转化；
- Java 的类型包装器有 Double、Float、Long、Integer、Short、Byte、Character 和 Boolean；
- 注解能将补充的信息补充到源文件中而不会改变程序的操作；
- 通过反射机制获取注解的相关信息。

练习

1. 简要介绍一下什么是拆箱和装箱，并列举常用的包装类。
2. 给定"we should seize everyday"，统计这句话中字母的个数和空格数（提示：使用 Character）。
3. 定义一枚举类，当输入 1~7 中的任意一个数值时，打印其对应的星期数，（例如：输入 1 时，会打印"星期一"）。
4. 简述注解的优点。

实践篇

实践 1　Java　概　述

实践指导

实践 1.G.1

Windows 下配置 Java 开发环境。

分析

1. JDK 是整个 Java 的核心，搭建 Java 开发环境的第一步就是下载并安装 JDK。
2. JDK 可以在 Sun 官方网站上下载，本书所用 JDK 下载地址如下：
   http://java.sun.com/javase/downloads/widget/jdk6.jsp

参考解决方案

1. 安装 JDK

▶01　获取 JDK6.X 安装包的官方网址是 http://java.sun.com，运行安装文件如图 1.1 所示。

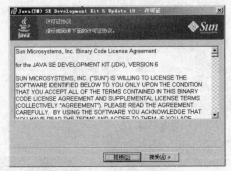

图 1.1

▶02　单击"接受"按钮，出现如图 1.2 所示的对话框。

图 1.2

03 单击"更改"按钮，更改安装目录，如图 1.3 所示。

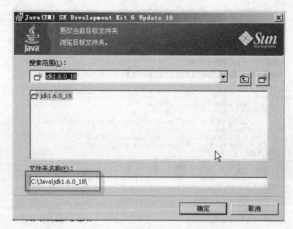

图 1.3

04 单击"下一步"按钮进行安装，如图 1.4 所示。

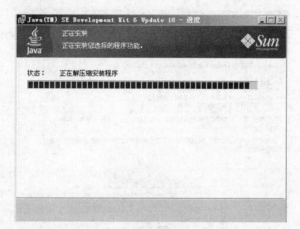

图 1.4

05 安装 jre 时，更改安装目录，如图 1.5 所示。

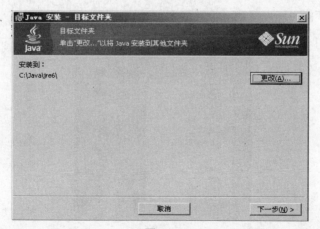

图 1.5

06 单击"下一步"按钮，出现如图 1.6 所示的界面。

图 1.6

07 安装完毕，出现如图 1.7 所示的提示。

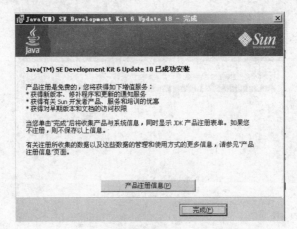

图 1.7

08 单击"完成"按钮，这样 JDK 就安装完成了。

2. 配置 Java 环境变量

01 鼠标右键单击"我的电脑→属性"命令，如图 1.8 所示。

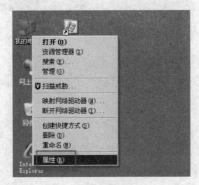

图 1.8

02 出现如图 1.9 所示的对话框。

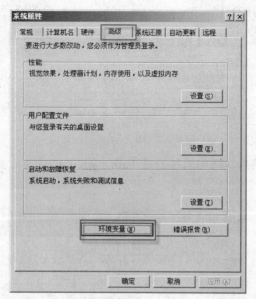

图 1.9

03 选择"高级"选项卡，单击"环境变量"按钮，出现如图 1.10 所示的对话框。

图 1.10

04 在系统变量中单击"新建"按钮，建立 JAVA_HOME 变量，并设置值为"C: /Java/ jdk1.6.0_18"，此路径是 JDK 的安装根目录，如图 1.11 所示。

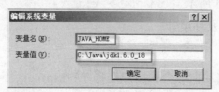

图 1.11

05 单击"确定"按钮后，再继续新建 CLASSPATH 变量，并设置值为".;%JAVA_HOME%/ lib /dt.jar;%JAVA_HOME%/ lib/ tools.jar"（Java 类、包的路径），如图 1.12 所示。

图 1.12

06 单击"确定"按钮后，选中系统变量 Path，把 JDK 的 bin 路径设置进去，如图 1.13 所示。

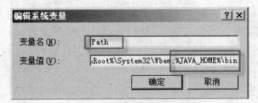

图 1.13

这里要注意，一定先使用";"号与前面的路径隔开，再把路径"%JAVA_HOME% /bin"添加上。

实践 1.G.2

基于 Windows，使用 Eclipse IDE 开发环境开发、运行 Java 程序演示。

分析

1. Eclipse 是一个开放源代码、基于 Java 的可扩展开发平台。本教材所有代码示例都采用 Eclipse 开发。
2. 在使用 Eclipse 之前，需要安装并配置好 JDK。详细内容见实践 1.G.1。
3. 以 Hello 为例说明如何使用 Eclipse 开发 Java 应用程序。

参考解决方案

1. 获取 Eclipse 安装

从 www.eclipcs.org/downloads 网站下载 eclipse-jee-galileo-SR1-win32.zip。解压缩到 C:\eclipse 目录下，如图 1.14 所示。

启动 eclipse.exe 启动开发环境。

2. 选择工作区

第一次运行 Eclipse，启动向导会让用户选择 Workspace（工作区），如图 1.15 所示。

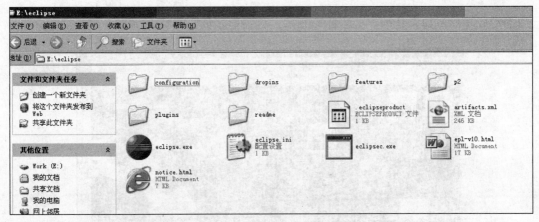

图 1.14

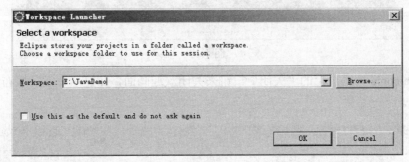

图 1.15

在 Workspace 中输入 E:\JavaDemo。这表示接下来的代码和项目设置都会保存到 E:\JavaDemo 目录下。

上述步骤完成后，单击"OK"按钮进行启动。

3. Eclipse 进行启动

启动时，Eclipse 会显示如图 1.16 所示的画面。

图 1.16

启动成功后，如果是第一次运行 Eclipse，则会显示如图 1.17 所示的欢迎页面。

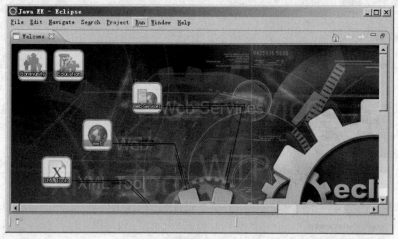

图 1.17

单击 Welcome 标签页上的"关闭"按钮来关闭欢迎画面，并显示开发环境布局界面，如图 1.18 所示。

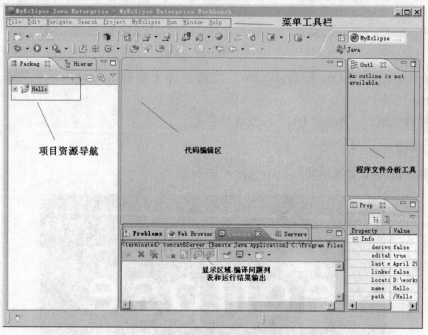

图 1.18

开发环境分为如下几个部分。

- 顶部为菜单栏、工具栏。
- 左侧为项目资源导航，主要有包资源管理器。
- 右侧为程序文件分析工具，主要有大纲、任务列表。

- 底部为显示区域，主要有编译问题列表、运行结果输出等。
- 中间区域为代码编辑区。

4. 新建 Java 项目

01 在项目浏览器空白处单击鼠标右键，在弹出菜单中选择"New→Project..."命令，如图 1.19 所示。

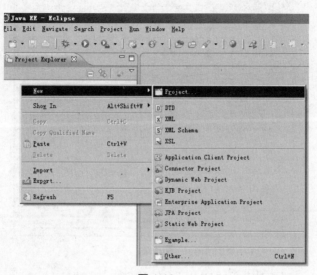

图 1.19

02 单击"Project..."菜单项后，显示如图 1.20 所示的选择向导对话框。

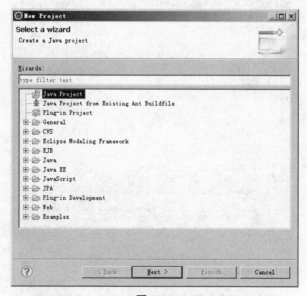

图 1.20

03 在对话框中选择"Java Project"选项，单击"Next >"按钮进入创建项目对话框，如图 1.21 所示。

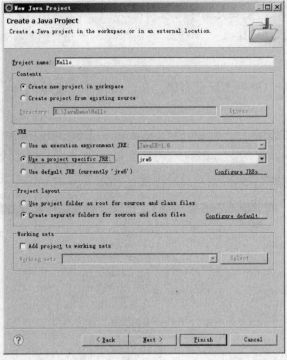

图 1.21

▶04 在"Project Name"栏中输入"Hello"。在 JRE 中选择"Use a project specific JRE：jre6"。其他选项保持不变，单击"Next >"按钮进入项目设置对话框，如图 1.22 所示。

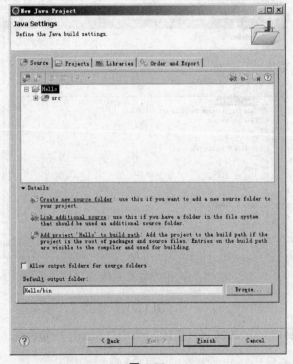

图 1.22

05 在该对话框中不需要做任何改动，直接单击"Finish"按钮。此时，Eclipse 会弹出如图 1.23 所示的对话框。

图 1.23

06 该对话框是询问是否要切换到"Java 透视图"。Java 透视图是 Eclipse 专门为 Java 项目设置的开发环境布局，开发过程中会更方便快捷。直接单击"Yes"按钮即可。

5. 新建类

01 在"Hello"项目中的 src 节点上单击鼠标右键，在弹出菜单中依次选择"New→Class"选项，如图 1.24 所示。

图 1.24

02 单击"Class"菜单项后，环境弹出新建类对话框，如图 1.25 所示。

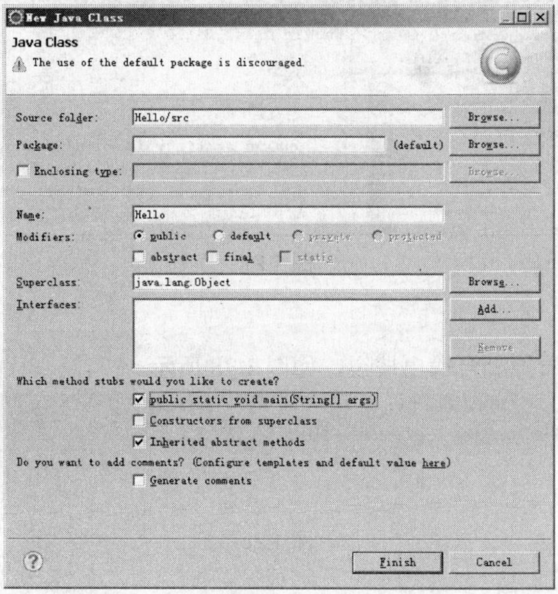

图 1.25

▶**03** 在"Name:"中输入"Hello",选中"public static void main(String[] args)"选项,然后单击"Finish"按钮。

6. 编写 Java 代码

新建类后,Eclipse 会自动打开新建类的代码编辑窗口,如图 1.26 所示。

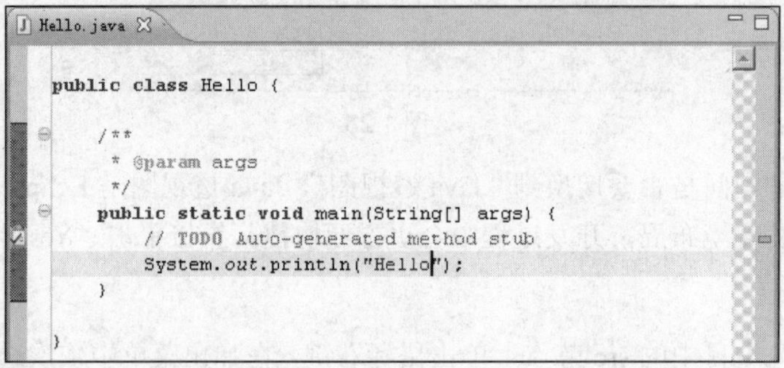

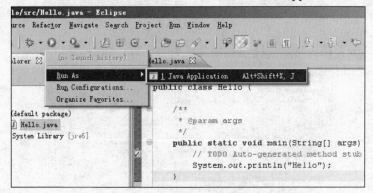

图 1.26

输入如下语句。

```
System.out.println("Hello");
```

单击工具栏中的"存盘"按钮,或者按"Ctrl+S"组合键保存。

7. 启动程序运行

单击工具栏上的"运行"按钮,依次选择"Run As→Java Application",如图 1.27 所示。

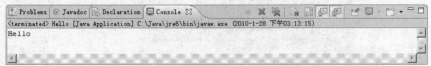

图 1.27

8. 查看运行结果

在 Eclipse 底部查看控制台输出按钮,如图 1.28 所示。

图 1.28

9. 完毕

知识拓展

1. GUI Application 应用

Java 应用程序是指可以在 Java 平台上独立运行的一种程序, 这类程序在被执行的过程中, 程序员必须为程序指定开始执行的起始点, 这种起始点称为程序入口, Java 应用程序主要以 main 方法作为程序入口, 由 Java 解释器加载执行。

本示例使用了 Java Swing 组件显示窗体界面, 包含常见的按钮、文本框等组件来实现一个登录窗口。

代码 FrmLogin.java 如下。

```java
public class FrmLogin extends JFrame {
    //声明组件
    private JPanel p;
    private JLabel lblName, lblPwd;
    private JTextField txtName;
    private JPasswordField txtPwd;
    private JButton btnOk, btnCancel;
    public FrmLogin() {
        super("登录");
        p = new JPanel();
        p.setLayout(null);
        // 实例化文本 按钮 文本框 密码框
        lblName = new JLabel("用户名");
        lblPwd = new JLabel("密    码");
        txtName = new JTextField(20);
        txtPwd = new JPasswordField(20);
        txtPwd.setEchoChar('*');
        btnOk = new JButton("确定");
        btnCancel = new JButton("取消");
        // 设置控件的位置
        lblName.setBounds(30, 30, 60, 25);
        txtName.setBounds(95, 30, 120, 25);
        lblPwd.setBounds(30, 60, 60, 25);
        txtPwd.setBounds(95, 60, 120, 25);
        btnOk.setBounds(30, 90, 60, 25);
        btnCancel.setBounds(125, 90, 60, 25);
        // 添加到容器中
        p.add(lblName);
        p.add(txtName);
```

```
        p.add(lblPwd);
        p.add(txtPwd);
        p.add(btnOk);
        p.add(btnCancel);
        this.add(p);
        this.setSize(250, 170);
        this.setLocation(300, 300);
        // 设置窗体不可改变大小
        this.setResizable(false);
        this.setDefaultCloseOperation(JFrame.EXIT_ON_CLOSE);
    }
    /* 运行窗口 */
    public static void main(String[] args) {
        FrmLogin frmLogin = new FrmLogin();
        frmLogin.setVisible(true);
    }
}
```

执行结果如图 1.29 所示。

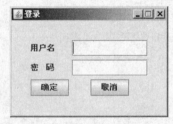

图 1.29

2. Web Applet 应用

Applet 是一种被设计成可在浏览器上运行的小应用程序。Applet 与 Application 其实是类似的程序，只是程序的起点及运作原理不同。Applet 内嵌在 HTML 文件中，必须搭配浏览器来运行，它没有程序入口。由于 Applet 的编写方式与 Java Application 类似，因此大家只要熟悉 Java Application 的编写方式，很快就能学会编写 Applet。

本示例通过编写一个 Java Applet 程序，实现一个简单登录界面。本示例共有两个文件，AppletLogin.java 和 AppletLoginDemo.html。

```
public class AppletLogin extends JApplet {
    private JPanel p;
    private JLabel lblName, lblPwd;
    private JTextField txtName;
    private JPasswordField txtPwd;
    private JButton btnOk, btnCancel;
```

```
public void init() {
    p = new JPanel();
    p.setLayout(null);
    // 实例化文本 按钮 文本框 密码框
    lblName = new JLabel("用户名");
    lblPwd = new JLabel("密    码");
    txtName = new JTextField(20);
    txtPwd = new JPasswordField(20);
    txtPwd.setEchoChar('*');
    btnOk = new JButton("确定");
    btnCancel = new JButton("取消");
    // 设置控件的位置
    lblName.setBounds(30, 30, 60, 25);
    txtName.setBounds(95, 30, 120, 25);
    lblPwd.setBounds(30, 60, 60, 25);
    txtPwd.setBounds(95, 60, 120, 25);
    btnOk.setBounds(30, 90, 60, 25);
    btnCancel.setBounds(125, 90, 60, 25);
    // 添加到容器中
    p.add(lblName);
    p.add(txtName);
    p.add(lblPwd);
    p.add(txtPwd);
    p.add(btnOk);
    p.add(btnCancel);
    this.setSize(250, 170);
    getContentPane().add(p);

    }
}
```

AppletLoginDemo.html 文件中的代码如下。

```
<applet code="com.haiersoft.ph01.AppletLogin.class"
width=250 height=170></applet>
```

其 中 AppletLoginDemo.html 和 AppletLogin.class 文 件 所 在 的 顶 级 目 录 即 com/haiersoft/ph01 中的 com 目录位于同一目录中。

双击 AppletLoginDemo.html 测试运行。运行结果参考如图 1.30 所示。

注意 有的浏览器因为安全设置的原因，默认不会自动加载 Applet，需要浏览者手动进行允许设置。

图 1.30

3. 数据读取

在 JDK 1.5 之后，Java 提供了专门的输入数据类 Scanner，此类不止可以完成输入数据操作，也可以方便地对输入数据进行验证。此类存放在 java.util 包中，其常用方法如表 1.1 所示。

表 1.1　Scanner 类的方法列表

方法	说明
boolean hasNext(Pattern pattern)	判断输入的数据是否符合指定的正则标准
boolean hasNextInt()	判断输入的是否是整数
boolean hasNextFloat()	判断输入的是否是小数，是则返回 true
String next()	接收内容
String next(Pattern pattern)	接收内容，进行正则验证
int nextInt()	接收数字
float nextFloat()	接收小数
Scanner useDelimiter(String pattern)	设置读取的分隔符

在 Scanner 类中提供了一个可以接收 InputStream 类型的构造方法，这就表示只要是字节输入流的子类都可以通过 Scanner 类方便地进行读取。

最简单的数据输入直接使用 Scanner 类的 next() 方法即可，代码如下所示。

```
public class ScannerDemo1 {
    public static void main(String[] args) {
        Scanner scan = new Scanner(System.in); // 从键盘接收数据
        System.out.print("请输入数据: ");
        String str = scan.next();
        System.out.println("您输入的数据为: " + str);
```

```
    }
}
```

执行结果如下。

请输入数据：你好
您输入的数据为：你好

但是，如果在以上程序中输入了带有空格的内容，则只能取出空格之前的数据。

请输入数据：你好 Java
您输入的数据为：你好

造成这样的结果是因为 Scanner 将空格当做了一个分隔符，所以为了保证程序的正确，可以将分隔符号修改为 "\n"（回车）。修改后的代码如下。

```
public class ScannerDemo2 {
    public static void main(String[] args) {
        Scanner scan = new Scanner(System.in); // 从键盘接收数据
        scan.useDelimiter("\n") ; //设置分隔符为回车
        System.out.print("请输入数据: ");
        String str = scan.next();
        System.out.println("您输入的数据为: " + str);
    }
}
```

执行结果如下。

请输入数据：你好 Java
您输入的数据为：你好 Java

另外，Scanner 提供了快速接收数值的方法，下面以 nextInt 为例，说明如何接收用户输入的数值，代码如下。

```
public class ScannerDemo3 {
    public static void main(String[] args) {
        Scanner scan = new Scanner(System.in); // 从键盘接收数据
        System.out.print("请输入整数: ");
        int i = scan.nextInt();
        System.out.println("您输入的整数为: " + i);
    }
}
```

执行结果如下。

请输入整数：123
您输入的整数为：123

拓展练习

练习 1.E.1

使用 Scanner 从控制台获取两个整型值，然后把相乘的结果打印在控制台上。

实践 2 Java 基础

实践指导

实践 2.G.1

使用打印方法 System.out.println()在字符界面下打印多行文本。

分析

转义字符\r\n 可以实现换行回车。

参考解决方案

代码如下。

```
public class G1Demo {
    public static void main(String[] args) {
        System.out.println("第一行\r\n 第二行\r\n 第三行");
    }
}
```

执行结果如下。

```
第一行
第二行
第三行
```

实践 2.G.2

求 1-1/2+1/3-1/4+…+1/99-1/100。

分析

1. 该算式有明显的规律，可以归纳为：

    1-1/2+1/3-1/4+…+1/n，（1<=n<=100）

    当 n 为奇数时，求和时加 1/n；当 n 为偶数时，求和时减 1/n。

2. 对于明显的重复性操作可以采用迭代结构实现。

3. 判断奇偶数可以使用一个数是否可以被 2 整除来判断。偶数可以被 2 整除，奇数不可以。

4. 算式中含有除法，为了计算精确，n 用 double 类型表示。

参考解决方案

1. 上述算法的实现代码如下。

```java
public class G2Demo {
    public static void main(String[] args) {
        int n = 100;// 循环上限
        double sum = 0;
        for (double i = 1; i <= n; i++) {
            if (i % 2 == 0)
                sum = sum - (1 / i);// 如果i为偶数，则减
            else
                sum = sum + (1 / i);// 如果i为奇数，则加
        }
        System.out.println("sum = " + sum);
    }
}
```

2. 执行结果如下。

```
sum = 0.688172179310195
```

实践 2.G.3

使用字符界面实现菜单程序，通过接受不同的参数值来打印不同的操作名称。

分析

1. 单用于功能导航，具有明显的分支性，所以采用选择结构实现。可选用 if...else 或 switch 语句实现。
2. 菜单需要接收用户输入，需要使用 Scanner 类。

参考解决方案

1. 字符界面菜单程序的代码实现如下。

```java
public class G3Demo {
    public static void main(String[] args) {
        int num = 0;
        System.out.println("请输入数字(1-3)选择菜单项: ");
        do {
            //显示菜单（每次操作后都要重新显示）。
            System.out.println("1.新建");
            System.out.println("2.打开");
            System.out.println("3.退出");
```

```
        //等待用户输入
        Scanner input = new Scanner(System.in);
        //获取用户输入
        num = input.nextInt();
        //判断用户输入并回显
        switch (num) {
        case 1:
            System.out.println("您选择了新建");
            break;
        case 2:
            System.out.println("您选择了打开");
            break;
        case 3:
            System.out.println("您选择了退出，程序退出");
            break;
        default:
            System.out.println("无效操作，请重新输入(1-3)！");
        }
    } while (num != 3);//当用户选择退出时，程序结束
    }
}
```

2. 执行结果如下。

```
请输入数字(1-3)选择菜单项:
1.新建
2.打开
3.退出
1
您选择了新建
1.新建
2.打开
3.退出
3
您选择了退出，程序退出
```

 知识拓展

1. Java 编码规范

（1）代码组织与风格

1）基本规格

为使代码更具有可读性，每行应该只有一条语句。

每行代码应该在开始之前插入适当的缩进。每级缩进为 4 个空格，等同于一个 Tab 符，

建议在使用 Tab 符前，要首先设置 IDE 配置参数，以保证 Tab 的长度为 4 个空格。

原则是 1 行 1 个声明，1 行 1 条语句（不能用逗号和冒号同时声明）特别是有初始化值的时候，必须单独使用 1 行，如：

```
int i; // 这样可以
int k, n = 1; //这样不可以
```

2）空行

适当地增加空行，可以增加代码的可读性。

在下列情况下应该有两行空行：

- 同一个文件的不同部分之间；
- 在类、接口以及彼此之间。

在下列情况之间应该有一行空行：

- 方法之间；
- 局部变量和它后边的语句之间；
- 方法内的功能逻辑部分之间。

3）代码块长度

每个代码块尽量控制在 1 个屏幕之内，方便浏览。最好不超过 400 行。

4）"{"，"}"

- 程序的分界符开括号 "{" 应放置在所有者所用行的最后，其前面留一个空格；闭括号 "}" 应独占一行并且与其所有者位于同一列；
- "{}" 之内的代码块在 "{" 右边一个缩进单位（预定义好的 Tab 宽度）处左对齐。

```
for(int i = 0; i < n; i++) {
DoSomeThing();
}
```

5）行宽

- 代码行最大长度宜控制在 80 个字符以内。代码行不要过长，否则眼睛会看不过来，也不便于打印。
- 长表达式要在低优先级操作符处拆分成新行，操作符放在新行之首（以便突出操作符）。拆分出的新行要进行适当的缩进，使排版整齐，语句可读，如：

```
if((very_longer_variable1 >= very_longer_variable12)
&& (very_longer_variable3 <= very_longer_variable14)
&& (very_longer_variable5 <= very_longer_variable16)) {
dosomething();
```

```
}
```

- 利用局部变量，降低表达式复杂性，如：

```
double length = Math.sqrt(Math.pow(Math.random(), 2.0) +
Math.pow(Math.random(), 2.0));
//建议方针
double xSquared = Math.pow(Math.random(), 2.0);
double ySquared = Math.pow(Math.random(), 2.0);
double length = Math.sqrt(xSquared + ySquared);
```

6）空格

- 关键字之后要留空格。例如 const、virtual、inline、case 等关键字之后至少要留一个空格，否则无法辨析关键字。例如 if、for、while 等关键字之后应留一个空格再跟左括号 "("，以突出关键字；
- 方法名之后不要留空格，紧跟左括号 "("，以与关键字区别；
- "("向后紧跟，")"、","、";"向前紧跟，紧跟处不留空格；
- ","之后要留空格，如 Function(x, y, z)；如果 ";"不是一行的结束符号，其后要留空格，如 for (initialization; condition; update)；
- 赋值运算符、比较运算符、算术运算符、逻辑运算符、位域运算符，如 "="、"+=" ">="、"<="、"+"、"*"、"%"、"&&"、"||"、"<<"、"^"等二元操作符的前后应当加空格；
- 一元运算符如 "!"、"~"、"++"、"--"、"&"（地址运算符）等前后不加空格；
- 例如 "[ ]"、"."、"->"这类运算符前后不加空格。

7）换行

- 逗号后换行；
- 运算符前换行；
- 按运算顺序换行；
- 换行后下面的行与前一行水平对齐；
- 类声明的 Pre-comment（注释）前要换行；
- 方法的 Pre-comment（注释）前要换行。

（2）命名规范

1）命名的基本约定

原则一：充分表意

标示符应当直观并且可以拼读，可望文知意，不必进行"解码"。 标识符最好采用英文单词或其组合，便于记忆和阅读。切忌使用汉语拼音来命名。程序中的英文单词一般不会太复杂，用词应当准确。例如不要把 CurrentValue 写成 NowValue。 标识符的长度应当符合"min-length && max-information"原则。在表示出必要信息的前提下，标识的命名应该尽量简短。例如，标示最大值的变量名命名为成"maxVal"，而不推荐命名为"maxValueUntilOverflow"。 单字符的名字也是可用的，常见的如 i、j、k、m、n、x、y、z等，它们通常可用作函数内的局部变量，如循环计数器等。

用正确的反义词组命名具有互斥意义的变量或相反动作的函数等。

例如：

```
int minValue, maxValue;
int setValue(…);
int getValue(…);
```

单词的缩写应谨慎使用。在使用缩写的同时，应该保留一个标准缩写的列表，并且在使用时保持一致。 尽量避免名字中出现数字编号，如 Value1、Value2 等，除非逻辑上的确需要编号。为了防止某个软件库中的一些标识符和其他软件库中标识符冲突，可以为各种标识符加上能反映软件性质的前缀。

原则二：避免混淆

程序中不要出现仅靠大小写区分的相似的标识符。

例如：

```
int x, X;// 变量 x 与 X 容易混淆
void foo(int x);// 函数 foo 与 FOO 容易混淆
void FOO(float x);
```

程序中不要出现标识符完全相同的局部变量和全局变量，尽管两者的作用域不同而不会发生语法错误，但会使人误解。

原则三：使用正确的词性

变量的名字应当使用"名词"或者"形容词＋名词"。如：

```
float value;
float oldValue;
float newValue;
```

全局函数的名字应当使用"动词"或者"动词＋名词"（动宾词组）。类的成员函数应当只使用"动词"，被省略掉的名词就是对象本身。如：

```
// 全局函数
DrawBox();
```

```
// 类的成员函数
Box.Draw();
```

2）标示符的命名约定

■　包

名称全部小写。包名开头使用 com.haiersoft。

注意　在使用 import 时尽量不使用*。从同一个软件包 import 三个以上的类时，使用*。

■　类 、接口

- 文字种类只有半角英文和数字；
- 类的名字应该使用名词，不做不必要的省略；
- 使用两个以上的单词时，每个单词的开头只能大写，每个单词第一个字母应该大写。避免使用单词的缩写，除非它的缩写已经广为人知，如 HTTP。

如：

```
class Hello;
class HelloWorld;
interface IService;//接口一般以 I 开头定义
```

■　方法

- 文字种类只有半角英文和数字，用易懂的名字表示功能的意思；
- 英文小写字母开头，使用两个以上的单词时，第一个字母是小写，中间单词的第一个字母是大写；
- 如果方法返回一个成员变量的值，方法名一般为 get + 成员变量名，如若返回的值是 boolean 变量，一般以 is 作为前缀。如果方法修改一个成员变量的值，方法名一般为：set + 成员变量名；
- 将特定对象转换成 F 形式的方法，命名为 toF；
- 方法的最大行数为 50。

如：

```
getName();
setName();
isFirst();
```

■　变量

- 文字种类只有半角英文和数字；
- 英文小写字母开头，使用两个以上的单词时，第一个单词之后的单词的开头要大写；

- 不要用_或&作为第一个字母。尽量使用短而且具有意义的单词；
- 变量名长度最小 3 个字，最长 20 个字；
- 单字符的变量名一般只用于生命期非常短暂的变量 i、j、k、m、n 一般用于 integers，c、d、e 一般用于 characters；
- 如果变量是集合，则变量名应用复数；
- 根据画面组件的类型加上前缀(前缀 ＋ 任意名称)；
- 变量的声明请在函数的开头定义（紧接在 "{" 的后面）。但是，for 语句的 index 变量除外。

如：

```
public TextFieldString txtStruserCode;
```

■ 常量

- 文字种类只有半角英文和数字；
- 全部用大写字母描述；
- 使用两个以上单词时、单词和单词之间用 "_"（下画线）连接；
- 用易懂的名字表示变量的意思。不做不必要的省略。

如：

```
public static final String USRE_CODE;
```

■ 数组

- 数组的声明为 Type [] arrayName；
- 数组声明时请尽可能明确限定数组大小。

如：

```
static void main(String[] args); //正确
static void main(String args[]); //错误
```

3）声明

■ 每行应该只有一个声明；
■ 避免块内部的变量与它外部的变量名相同；
■ 长声明行。

当类、方法的声明很长时，可用 extends/implements/throws 换行，也可以按 Enter 键换行，如：

```
public class LongNameClassImplemenation
```

```
extends AbstractImplementation,implements Serializable, Cloneable {
private void longNameInternalIOMethod(int a, int b) throws IOException {
//…
}
public void longMethodSignature(int a, int b, int c,int d, int e, int f) {
//…
}
//…
}
```

4）初始化

- 局部变量必须初始化；
- 除了 for 循环外，声明应该放在块的最开始部分。for 循环中的变量声明可以放在 for 语句中。

   如：

```
for(int i = 0; i < 10; i++)
```

2.　Math 类

Math 类保留了所有用于几何学、三角学，以及几种一般用途方法的浮点函数，方便 Java 开发人员进行数学运算，常用的 Math 类方法如表 2.1 所示。

表 2.1　Math 类常用方法列表

方法名	功能说明
abs(double a)	求绝对值
ceil(double a)	得到不小于某数的最大整数
floor(double a)	得到不大于某数的最大整数
round(double a)	同上，返回 int 型或者 long 型（上一个函数返回 double 型）
max(double a, double b)	求两数中的最大值
min(double a, double b)	求两数中的最小值
sin(double a)	求正弦值
tan(double a)	求正切值
cos(double a)	求余弦值
sqrt(double a)	求平方
pow(double a, double b)	第一个参数的第二个参数次幂的值
random()	返回在 0.0~1.0 之间的数，大于等于 0.0，小于 1.0

下面是一段示例代码演示 Math 类成员使用。

```
public class MathDemo {
    public static void main(String[] args) {
        System.out.println("Math.E=" + Math.E);
```

```
        System.out.println("Math.PI=" + Math.PI);
        System.out.println("Math.abs(-1)=" + Math.abs(-1));
        System.out.println("Math.ceil(2.3)=" + Math.ceil(2.3));
        System.out.println("Math.floor(2.3)=" + Math.floor(2.3));
        System.out.println("Math.rint(2.5)=" + Math.rint(2.5));
        System.out.println("Math.max(2.3, 3.2)=" + Math.max(2.3, 3.2));
        System.out.println("Math.min(2.3, 3.2)=" + Math.min(2.3, 3.2));
        System.out.println("Math.sin(Math.PI/2)=" + Math.sin(Math.PI / 2));
        System.out.println("Math.cos(Math.PI/2)=" + Math.cos(Math.PI / 2));
        System.out.println("Math.tan(Math.PI/4)=" + Math.tan(Math.PI / 4));
        System.out.println("Math.atan(Math.PI/4)=" + Math.atan(Math.PI / 4));
        System.out.println("Math.toDegrees(Math.PI / 4)="
                + Math.toDegrees(Math.PI / 4));
        System.out.println("Math.toRadians(45)=" + Math.toRadians(45));
        System.out.println("Math.sqrt(3)=" + Math.sqrt(9));
        System.out.println("Math.pow(3,2)=" + Math.pow(3, 2));
        System.out.println("Math.log10(3)=" + Math.log10(100));
        System.out.println("(int)(Math.random()*10)="
                + (int) (Math.random() * 10));
    }
}
```

执行结果如下。

```
Math.E=2.718281828459045
Math.PI=3.141592653589793
Math.abs(-1)=1
Math.ceil(2.3)=3.0
Math.floor(2.3)=2.0
Math.rint(2.5)=2.0
Math.max(2.3, 3.2)=3.2
Math.min(2.3, 3.2)=2.3
Math.sin(Math.PI/2)=1.0
Math.cos(Math.PI/2)=6.123233995736766E-17
Math.tan(Math.PI/4)=0.9999999999999999
Math.atan(Math.PI/4)=0.6657737500283538
Math.toDegrees(Math.PI / 4)=45.0
Math.toRadians(45)=0.7853981633974483
Math.sqrt(3)=3.0
Math.pow(3,2)=9.0
Math.log10(3)=2.0
(int)(Math.random()*10)=1
```

这里需要说明的是随机数(int)(Math.random()*10)每次运行时产生的数值不同。

3. String 类

Java 是采用 Unicode 编码来处理字符的，而字符串就是内存中一个或多个连续排列的字符集合。Java 提供的标准包 java.lang 中封装的 String 类就是关于字符串处理的类。这个类封装了很多方法，用来支持字符串的操作。

（1）字符串声明及初始化

与其他基本数据类型相似，Java 中的字符串分常量和变量两种。当程序中出现了字符串常量，系统将自动为其创建一个 String 对象，这个创建过程是隐含的。对于字符串变量，在使用之前同样要进行声明，并进行初始化，字符串声明语法格式如下。

```
String<字符串变量名> str;
```

字符串一般在声明时可以直接进行初始化，初始化过程一般为下面几种。

创建空的字符串，如：

```
String s=new String();
```

由字符数组创建字符串，如：

```
char ch[]={'s','t','o','r','y'};
String s=new String(ch);
```

直接用字符串常量来初始化字符串，如：

```
String s="这是一个字符串";
```

（2）字符串运算符 “+”

在 Java 中，运算符 “+” 除了作为算术运算符使用之外，它还经常被作为字符串运算符用于连接不同的字符串。即它的运算规则是：“abc” + “def” = “abcdef”。如果运算表达式中还有其他类型的数据，则按照从左向右结合的顺序运算，其他类型数据与字符串进行 “+”时会自动转换为字符串，然后进行连接操作。下面是一段示例代码。

```java
public class StringDemo1 {
    public static void main(String[] args) {
        //字符串+字符串
        String name="HaierSoft";
        String str1="你好"+name;
        System.out.println("str1="+str1);
        //字符串+其他类型
        String str2=name+10+20;
        System.out.println("str2="+str2);
        //从左向右运算
        String str3=10+20+name;
```

```
        System.out.println("str3="+str3);
    }
}
```

执行结果如下。

```
str1=你好 HaierSoft
str2=HaierSoft1020
str3=30HaierSoft
```

代码说明：

- str1 表达式运算时两个字符串之间进行 "+" 操作，直接将第二个字符串连接到第一个字符串后；
- str2 表达式中，name 属于字符串，10 和 20 都是整数数值。计算时，name 先和 10 进行运算，10 会自动转换为字符串类型，与 name 进行首尾连接。连接后的结果与 20 进行运算。同样 20 首先转换为字符串类型，然后与结果进行首尾连接，所以最终结果为：HaierSoft1020；
- str3 表达式中，按照从左向右的顺序运算，首先计算 10+20，这是整数数值的加法运算，结果为 30。然后 30 与 name 进行运算，此时，30 先自动转换为字符串类型，然后与 name 进行首尾连接。所以最终结果为：30HaierSoft。

（3）字符串比较

String 类型并非 Java 基本数据类型，而是复合类型中的类。所以在比较 String 变量值是否相等时，不能使用 "=="，而要使用 String 类的成员方法 equals 进行判断。关于 "==" 与 equals 方法的区别，下面采用代码进行说明。

```
public class StringEquals {
    public static void main(String[] args) {
        String str1 = new String("abc");
        String str2 = new String("abc");
        System.out.println("str1==str2: " + (str1 == str2));
        System.out.println("str1.equals(str2): " + (str1.equals(str2)));
    }
}
```

执行结果如下。

```
str1==str2: false
str1.equals(str2): true
```

str1==str2 之所以结果为 false，是因为 "==" 是用于比较两个对象是否引用相同，即 str1 与 str2 是否引用同一个对象，这里显然不是。

注意　关于对象的概念在第 4 章已讲述。

而 str1.equals(str2)则表示比较 str1 的值与 str2 的值是否相等，因为 str1 的值为 "abc"，而 str2 的值也是 "abc"，所以 str1 和 str2 的值是相等的。

 拓展练习

练习 2.E.1

任意输入三角形的三条边的长度，在满足三角形构成规则的前提下，计算三角形的面积。

练习 2.E.2

Fibonacci 数列有如下特点：已知 $n_1=1$，$n_2=1$，$n_3=n_1+n_2$，$n_4=n_2+n_3$，…，要求输出前 20 个数字，并判断 2 178 309 是不是 Fibonacci 数列中的数，如果是输出是第几个数值。

实践 3　数　　组

实践 3.G.1

定义一个整型数组，来实现插入排序算法。

分析

1. 插入算法将 n 个元素的数列分为有序和无序两个部分。每次处理就是将无序数列的第一个元素与有序数列的元素从后往前逐个进行比较，找出插入位置，将该元素插入到有序数列的合适位置中。
2. 为了方便表示，元素假设为整型数值，n 个元素可以使用一维整型数组实现。

参考解决方案

1. 代码如下。

```java
public class InjectionSort {
    public static void main(String[] args) {
        // 需要排序的数组
        int[] numArray = { 12, 31, 5, 87, 1, 56 };
        // 第一个元素作为一部分，对后面的部分进行循环
        for (int j = 1; j < numArray.length; j++) {
            int tmp = numArray[j];
            int i = j - 1;
            while (tmp < numArray[i]) {
                numArray[i + 1] = numArray[i];
                i--;
                if (i == -1)
                    break;
            }
            numArray[i + 1] = tmp;
        }
        // 打印结果
        for (int i = 0; i < numArray.length; i++) {
            System.out.print(numArray[i] + ",");
        }
    }
```

```
}
```

2. 执行结果如下。

```
1,5,12,31,56,87,
```

实践 3.G.2

使用数组结构实现杨辉三角的存储和打印。

杨辉三角形，描述的是二项式系数在三角形中的一种几何排列，示例如下。

```
1
1   1
1   2   1
1   3   3   1
1   4   6   4   1
1   5   10  10  5   1
1   6   15  20  15  6   1
1   7   21  35  35  21  7   1
```

分析

1. 杨辉三角的规律是：它的两条斜边都是由数字 1 组成的，而其余的数字则是等于它上方和左上方的两个数之和。
2. 为了方便表示，元素假设为整型数值，n 个元素可以使用一维整型数组实现。

参考解决方案

1. 代码如下。

```java
public class YangHuiTriangle {
    public static void main(String[] args) {
        int row = 8;// 行数
        int array[][] = new int[row][];// 存储三角数字
        // 初始化三角
        for (int i = 0; i < row; i++) {
            array[i] = new int[i + 1];
            // 两条斜边为1
            array[i][0] = 1;
            array[i][i] = 1;
        }
        // 除斜边外的数等于它肩上的两个数之和
        for (int i = 2; i < row; i++) {
```

```
            for (int j = 1; j < i; j++) {
                array[i][j] = array[i - 1][j - 1] + array[i - 1][j];
            }
        }
        // 打印杨辉三角
        for (int i = 0; i < row; i++) {
            for (int j = 0; j <= i; j++) {
                System.out.print(array[i][j] + "\t");
            }
            System.out.println();// 换行
        }
    }
}
```

2. 执行结果如下。

```
1
1   1
1   2   1
1   3   3   1
1   4   6   4   1
1   5   10  10  5   1
1   6   15  20  15  6   1
1   7   21  35  35  21  7   1
```

知识拓展

1. Arrays 类

Arrays 类用于对数组进行一些基本操作，如排序、搜索、比较等。Arrays 类位于 java.util 包中，其常用的方法如表 3.1 所示。

表 3.1　Arrays 常用方法列表

方法	说明
sort()	帮助您对指定的数组排序，所使用的是快速排序法
binarySearch()	让您对已排序的数组进行二元搜索，如果找到指定的值就返回该值所在的索引，否则就返回负值
fill()	当您配置一个数组之后，会依数据类型来给定默认值。例如整数数组就初始为 0，可以使用 Arrays.fill()方法将所有的元素设定为指定的值
equals()	比较两个数组中的元素值是否全部相等，如果相等将返回 true，否则返回 false
deepEquals()	对数组作深层比较，简单地说，可以对二维乃至三维以上的数组进行比较是否相等
deepToString()	将数组值作深层输出，简单地说，可以对二维乃至三维以上的数组输出其字符串值

（1）sort()方法

使用 Arrays.sort()方法对数组排序示例代码如下。

```java
public class ArraysSort {
    public static void main(String[] args) {
        int[] arr = { 93, 5, 3, 55, 57};
        //排序
        Arrays.sort(arr);
        System.out.print("排序后: ");
        for (int i = 0; i < arr.length; i++){
            System.out.print(arr[i] + ",");
        }
    }
}
```

执行结果如下。

```
排序后: 3,5,55,57,93,
```

（2）binarySearch()方法

使用 Arrays. binarySearch()方法查询数组中的元素示例代码如下。

```java
public class ArraysSearch {
    public static void main(String[] args) {
        int[] arr = { 93, 5, 3, 55, 57};
        //搜索
        System.out.print("请输入搜索值: ");
        Scanner scanner = new Scanner(System.in);
        int key = scanner.nextInt();
        int find = -1;
        if ((find = Arrays.binarySearch(arr, key)) > -1) {
            System.out.println("找到值于索引 " +find + " 位置");
        }
        else{
            System.out.println("找不到指定值");
        }
    }
}
```

执行结果如下。

```
请输入搜索值: 3
找到值于索引 2 位置
```

（3）equals()方法

使用 Arrays.equals()方法比较两个数组元素值是否相等，示例代码如下。

```java
public class ArraysEqual {
    public static void main(String[] args) {
        int[] arr1 = { 93, 5, 3, 55, 57};
        int[] arr2 = { 93, 5, 3, 55, 57};
        //==比较
        System.out.println("arr1==arr2: "+(arr1==arr2));
        //equals
        System.out.println("Arrays.equals(arr1, arr2) : "+Arrays.equals(arr1,
arr2));
    }
}
```

上述代码中使用 "＝＝" 来比较两个数组时，是将两个数组的地址进行比较，即两个数组是否引用同一个对象；而 Arrays.equals()方法是对两个数组中的元素内容进行比较。

执行结果如下。

```
arr1==arr2: false
Arrays.equals(arr1, arr2): true
```

可见，即便两个数组内容一致，"＝＝" 也会因为 arr1 和 arr2 是不同对象而返回 false。但用 Arrays.equals 就可以判断两个数组值是相等的，所以返回 true。

2. 命令行参数

作为 Java 应用程序的入口——main 方法，其参数 args 是一个 String 类型的一维数组，称为"命令行参数"。为 main 方法传递参数的一般格式如下。

```
java 类名 参数1 参数2 ...
```

参数之间用空格隔开，如果某个参数本身含有空格，则可以将参数用一对引号引起来。命令行参数被系统以 String 数组的方式传递给应用程序中的 main 方法，由参数 args 接收。通过参数可以使 Java 程序启动时根据输入的信息进行逻辑判断。

示例代码如下。

```java
public class ArraysSort2 {
    public static void main(String[] args) {
        int[] arr = { 93, 5, 3, 55, 57};
        //排序
        Arrays.sort(arr);
        System.out.print("排序后: ");
```

```
        for (int i = 0; i < arr.length; i++){
            System.out.print(arr[i] + ",");
        }
    }
}
```

在 Eclipse 中运行时，需要配置一下运行参数。在右键菜单（或工具栏）中选择"Run As→Run Configurations"，弹出的对话框如图 3.1 所示。

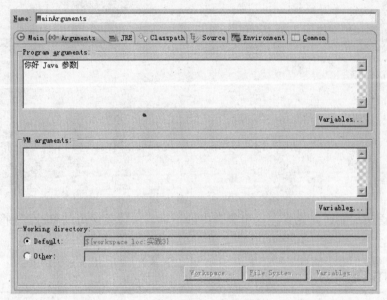

图 3.1

注意参数之间用空格隔开。

单击"Run"按钮运行，运行结果如下。

```
args[0] = 你好
args[1] = Java
args[2] = 参数
```

3.　for–each 语句

for-each 语句是 JDK1.5 新增的语法结构，主要用于遍历数组、集合。foreach 的语句格式如下。

```
for (data_type x : obj) {
    //statement
}
```

x 是一个临时变量，类型为 data_type。obj 为被遍历的对象，可以为数组、集合。类型 data_type 是 obj 对象元素类型。可见，for-each 并不是一个关键字，习惯上将这种特殊的 for

语句格式称之为"for-each"语句。

下面通过简单例子看一看 foreach 是如何简化编程的。

```java
public class ForeachDemo {
    public static void main(String[] args) {
        int[] array = { 1, 2, 3, 4, 5 };
        for (int i : array) {
            System.out.println(i);
        }
    }
}
```

执行结果如下。

```
1
2
3
4
5
```

for-each 语句不能访问元素在这个集合中的下标，所以就没办法修改、删除这个集合中的内容。

4. Random 类

在 Java 开发过程中,经常需要产生一些随机数值,例如网站登录中的校验数字等。在 Java API 中，java.util 包中专门提供了一个和随机处理有关的类——Random 类。随机数字生成相关方法都包含在该类的内部。

Random 类中实现的随机算法是伪随机，也就是有规则的随机。在进行随机时，随机算法的起源数字称为种子数（seed），在种子数的基础上进行一定的变换，从而产生需要的随机数字。相同种子数的 Random 对象，相同次数生成的随机数字是完全相同的。也就是说，两个种子数相同的 Random 对象，第一次生成的随机数字完全相同，第二次生成的随机数字也完全相同。这点在生成多个随机数字时需要特别注意。

Random 类常用的方法如表 3.2 所示。

表 3.2　Random 常用方法

方法	说明
nextDouble()	生成一个随机的 double 值，数值介于[0,1.0]之间
nextInt()	生成一个随机的 int 值，该值介于 int 的区间，也就是-2^{31} 到 $2^{31}-1$ 之间
nextInt(int n)	生成一个随机的 int 值，该值介于[0,n]的区间

下面通过简单例子演示 Random 类使用方法。

```
public class RandomDemo {
    public static void main(String[] args) {
        // 构造 Random 类对象
        Random random = new Random();
        // 任意随即整数
        int ri = random.nextInt();
        // 0<=ri2<10 之间的整数
        int ri2 = random.nextInt(10);
        // 任意浮点数
        double rd = random.nextDouble();
        System.out.println("ri=" + ri);
        System.out.println("ri2=" + ri2);
        System.out.println("rd=" + rd);
    }
}
```

执行结果如下。

```
ri=1440245708
ri2=2
rd=0.956255170027094
```

 拓展练习　❯❯

练习 3.E.1

写一个彩票抽奖程序，要求能随机产生并按照升序输出 1～30 之间的 7 个数，且其中任意两个数字不能重复。

练习 3.E.2

魔方阵是指这样的方阵，方阵的每一行、每一列和对角线之和均相等。例如，三阶魔方阵为：

```
6   1   8
7   5   3
2   9   4
```

要求打印输出 1 到 $n*n$（n 为奇数）的自然数构成的魔方阵。
具体算法如下。

1. 将 1 放在第 1 行中间一列；
2. 从 2 开始直到 $n \times n$ 为止各数依次按下列规则存放：

   按 45° 方向行走，如向右上，每一个数存放的行比前一个数的行数减 1，列数加 1；
3. 如果行列范围超出矩阵范围，则回绕。例如 1 在第 1 行，则 2 应放在最下一行，列数同样加 1；
4. 如果按上面规则确定的位置上已有数，或上一个数是第 1 行第 n 列时，则把下一个数放在上一个数的下面。

实践 4　类与对象

实践指导

实践 4.G.1

定义一个职工（Employee）类用来存储职工信息，具体要求如下：

- 员工的属性有：员工号、姓名、工资；
- 每个属性都提供相应的 get/set 方法。

分析

1. 职工共有三个属性，其中员工号类型为 String，姓名类型为 String，工资类型为 double。
2. 根据题目要求，为每个属性编写相应的 get/set 方法。

参考解决方案

定义一个职工类，并根据属性生成相应的 get/set 方法，代码如下。

```java
public class Employee {
    /* 员工编号 */
    private String empNo;
    /* 员工姓名 */
    private String name;
    /* 员工工资 */
    private double salary;
    public String getEmpNo() {
        return empNo;
    }
    public void setEmpNo(String empNo) {
        this.empNo = empNo;
    }
    public String getName() {
        return name;
    }
    public void setName(String name) {
        this.name = name;
    }
    public double getSalary() {
```

```
        return salary;
    }
    public void setSalary(double salary) {
        this.salary = salary;
    }
}
```

实践 4.G.2

在 4.G.1 职工类的基础上，升级职工类，具体要求如下：

- 提供至少三个构造函数完成职工信息的初始化；
- 定义方法 dispInfo()使用字符界面显示职工的信息。

分析

1. 根据 empNo、name 和 salary 分别创建不同的构造方法。
2. 根据题目要求，定义一个方法 dispInfo，使用字符界面显示职工信息。

参考解决方案

1. 扩展 Employee 类，添加以上三个构造方法和一个用于显示职工信息的 dispInfo 方法。

```java
public class Employee {
    /* 员工编号 */
    private String empNo;
    /* 员工姓名 */
    private String name;
    /* 员工工资 */
    private double salary;
    public Employee() {
    }
    //根据 empNo 和 name 生成的构造方法
    public Employee(String empNo, String name) {
        this.empNo = empNo;
        this.name = name;
    }
    //根据 empNo, name 和 salary 生成的构造方法
    public Employee(String empNo, String name, double salary) {
        this(empNo, name);
        this.salary = salary;
    }
    //……省略 get/set 方法
}
```

2. 定义测试类，代码如下。

```
public class EmployeeTest {
    public static void main(String[] args) {
        // 根据构造方法创建 Employee 类型的对象
        Employee emp = new Employee("ZG201003", "张三", 3000);
        // 显示职工的详细信息
        emp.dispInfo();
    }
}
```

3. 执行当前程序，运行结果如下。

职工号为:ZG201003 姓名为:张三   工资为:3000.0

实践 4.G.3

定义公司（Company）类，公司有多个职工，提供以下公司管理方法：

- 可以通过构造函数或方法初始化公司职工信息；
- 按照工资降序排序输出职工信息；
- 显示公司职工的平均工资、最高工资、最低工资；
- 查看在工资某个区域范围的所有职工的信息。

分析

1. Company 类拥有多个员工，可以在 Company 类中定义一个员工数组来存储员工对象。
2. 在构造方法中，根据传入的员工对象数组参数来初始化 Company 类中的员工数组属性。
3. 定义 dispEmpInfo 方法按照职工工资降序输出，可先把职工工资利用排序算法使之有序。
4. 定义 dispSalaryInfo 方法用来显示职工平均工资、最高工资和最低工资。
5. 定义方法 dispEmpInfo 的重载方法，根据工资区域来显示职工信息。

参考解决方案

1. 定义 Company 类，创建一个员工数组属性，并利用该属性创建构造方法，代码如下。

```
public class Company {
    private Employee[] emps = null;
    // 利用 Employee 数组创建构造方法
    public Company(Employee[] emps) {
        this.emps = emps;
    }
}
```

2. 扩展 Company 类，利用员工数组属性，分别实现按员工工资降序排序和输出排序后的员工信息，代码如下。

```
public class Company {
    //......省略代码
    // 利用冒泡排序法，根据员工工资降序排序
    private void descBySalary() {
        // 如果 flag 为 false 则没有进行排序，否则已经进行了排序
        if (!flag) {
            for (int i = 0; i < emps.length; i++) {
                for (int j = 0; j < emps.length - i - 1; j++) {
                    if (emps[j].getSalary() < emps[j + 1].getSalary()) {
                        Employee temp = emps[j];
                        emps[j] = emps[j + 1];
                        emps[j + 1] = temp;
                    }
                }
            }
            flag = true;
        }
    }
    // 显示员工信息
    public void dispEmpInfo() {
        // 按照工资进行降序排序
        descBySalary();
        for (Employee e : emps) {
            System.out.println("员工" + e.getName() + "的工资为: " + e.getSalary());
        }
    }
}
```

3. 扩展 Company 类显示公司员工的最高工资、最低工资、平均工资，代码如下。

```
public class Company {
    //......省略代码
    //显示最高工资
    public void dispMaxSalary() {
        descBySalary();
        System.out.println("公司员工的最高工资是: " + emps[0].getSalary());
    }
    // 显示最低工资
    public void dispMinSalary(){
        descBySalary();
```

```
        System.out.println("公司员工的最低工资是: " + emps[emps.length - 1].getSalary());
    }
    //显示平均工资
    public void dispAvgSalary(){
        double allSalary = 0.0d;
        for (Employee e : emps) {
            allSalary += e.getSalary();
        }
        System.out.println("公司员工的平均工资是: " + allSalary / (emps.length));
    }
}
```

4. 扩展 Company 类，定义方法 dispEmpInfo 的重载方法，根据工资区域来显示职工信息，代码如下。

```
public class Company {
    //……省略代码
    // 根据工资区域输出员工信息，begin 和 end 分别代表最小工资和最大工资
    public void dispEmpInfo(double begin, double end) {
        // 按照工资进行降序排序
        descBySalary();
        tor (Employee e : emps) {
            if (e.getSalary() >= begin && e.getSalary() <= end) {
                System.out.println("员工" + e.getName()
                        + "的工资为: " + e.getSalary());
            }
        }
    }
//……省略代码
}
```

5. 定义测试类，代码如下。

```
public class CompanyTest {
    public static void main(String[] args) {
        Employee e1 = new Employee("201001", "张三", 2500);
        Employee e2 = new Employee("201002", "李四", 2700);
        Employee e3 = new Employee("201003", "王五", 2400);
        Employee e4 = new Employee("201004", "马六", 2800);
        Employee e5 = new Employee("201005", "赵七", 3000);
        // 利用 5 个员工对象初始化员工数组
        Employee[] emps = { e1, e2, e3, e4, e5 };
```

```
            Company company = new Company(emps);
            // 按照工资降序排序输出员工信息
            System.out.println("----按照工资降序排序输出职工信息----");
            company.dispEmpInfo();
            // 显示员工的最高工资，最低工资，平均工资
            System.out.println("----显示公司职工的平均工资、最高工资、最低工资----");
            company.dispMaxSalary();
            company.dispMinSalary();
            company.dispAvgSalary();
            System.out.println("----查看在工资某个区域范围的所有职工的信息----");
            company.dispEmpInfo(2700, 3000);
    }
}
```

6. 执行当前程序，运行结果如下。

```
----按照工资降序排序输出职工信息----
员工赵七的工资为：3000.0
员工马六的工资为：2800.0
员工李四的工资为：2700.0
员工张三的工资为：2500.0
员工王五的工资为：2400.0
----显示公司职工的平均工资、最高工资、最低工资----
公司员工的最高工资是：3000.0
公司员工的最低工资是：2400.0
公司员工的平均工资是：2680.0
----查看在工资某个区域范围的所有职工的信息----
员工赵七的工资为：3000.0
员工马六的工资为：2800.0
员工李四的工资为：2700.0
```

实践 4.G.4

提供菜单选择程序，可根据用户的选择。

- 按照工资降序排序输出职工信息
- 显示最高工资
- 显示最低工资
- 显示平均工资
- 查看在工资某个区域范围的所有职工的信息
- 退出

分析

利用 switch-case 实现菜单选择程序。

参考解决方案

1. 定义 SwitchDemo 类来实现菜单选择。

```
public class SwitchDemo {
    public static void main(String[] args) {
        Employee e1 = new Employee("201001", "张三", 2500);
        Employee e2 = new Employee("201002", "李四", 2700);
        Employee e3 = new Employee("201003", "王五", 2400);
        Employee e4 = new Employee("201004", "马六", 2800);
        Employee e5 = new Employee("201005", "赵七", 3000);
        // 利用 5 个员工对象初始化员工数组
        Employee[] emps = { e1, e2, e3, e4, e5 };
        Company company = new Company(emps);
        Scanner scanner = new Scanner(System.in);
        System.out.println("请输入菜单编号: ");
        printMenuInfo();
        int key = scanner.nextInt();
        switch (key) {
        case 1:
            System.out.println("---按照工资降序排序输出职工信息---");
            company.dispEmpInfo();
            break;
        case 2:
            System.out.println("---显示最高工资---");
            company.dispMaxSalary();
            break;
        case 3:
            System.out.println("---显示最低工资---");
            company.dispMinSalary();
            break;
        case 4:
            System.out.println("---显示平均工资---");
            company.dispAvgSalary();
            break;
        case 5:
            System.out.println("---查看在工资某个区域范围的所有职工的信息---");
            System.out.println("请输入工资开始边界: ");
            double begin = scanner.nextDouble();
            System.out.println("请输入工资结尾边界");
```

```
            double end = scanner.nextDouble();
            company.dispEmpInfo(begin, end);
            break;
        case 9:
            System.out.println("系统退出! ");
            break;
        default:
            printMenuInfo();
            break;
        }
    }
    public static void printMenuInfo() {
        System.out.println("--- 1 按照工资降序排序输出职工信息");
        System.out.println("--- 2 显示最高工资---");
        System.out.println("--- 3 显示最低工资---");
        System.out.println("--- 4 显示平均工资---");
        System.out.println("--- 5 查看在工资某个区域范围的所有职工的信息---");
        System.out.println("--- 9 退出系统---");
    }
}
```

2. 执行当前程序，运行结果如下。

```
请输入菜单编号:
--- 1 按照工资降序排序输出职工信息
--- 2 显示最高工资---
--- 3 显示最低工资---
--- 4 显示平均工资---
--- 5 查看在工资某个区域范围的所有职工的信息---
--- 9 退出系统---
5
---查看在工资某个区域范围的所有职工的信息---
请输入工资开始边界:
2000
请输入工资结尾边界
3000
员工赵七的工资为: 3000.0
员工马六的工资为: 2800.0
员工李四的工资为: 2700.0
员工张三的工资为: 2500.0
员工王五的工资为: 2400.0
```

知识拓展

1. 静态块

静态自由块通常用于初始化静态变量，也可以进行其他初始化操作。其语法格式如下。

```
static {
//……任意代码
}
```

静态自由块可以看成一个特殊的方法，这个方法没有方法名，没有输入参数，没有返回值，不能进行方法的调用，但是当类被加载到 JVM 中时，静态代码块开始执行。示例代码如下。

```
public class Count {
    private static int counter;
    static {
        System.out.println("static 自由块被执行");
        counter = 1;
    }
    public static int getTotalCount() {
        return counter;
    }
    public static void main(String[] args) {
        System.out.println("counter 的值为: " + getTotalCount());
    }
}
```

在此类中，定义了一个静态 int 类型变量 counter，然后在 static 自由块中初始化这个变量。运行结果如下。

```
static 自由块被执行
counter 的值为: 1
```

从运行结果可以分析出，当 Count 类被加载时，static 静态代码块执行，并且输出结果。

2. Singleton 设计模式

所谓设计模式（Design Pattern）是为了满足对优秀、简单而且可重用的解决方案的需要。就像在盖大楼的时候，设计师不会每次都从零开始来画图纸，而是参照某种已有的模式，然后在此基础上设计它，在面向对象程序设计中，"模式"是为了实现重用面向对象代码的一种方便做法。设计模式一般包含四个基本要素。

- **模式名称（pattern name）**：一个助记名，用几个词汇来描述模式的问题，解决方案，以及效果。
- **问题（problem）**：描述了应该在何时使用模式。
- **解决问题的方案（solution）**：描述了设计的组成部分，它们之间的相互关系及各自的职责和协作方式。
- **效果（consequences）**：描述了模式应用的效果及使用模式应权衡的问题。

在实际应用中，可能需要整个系统中生成某种类型的对象有且只有一个，此时可以使用 Singleton 设计模式来实现。

Singleton 设计模式一般满足以下几点功能：

- 构造方法私有；
- 用一个私有的静态变量引用实例；
- 提供一个公有的静态方法获取实例。

实例代码如下。

```java
public class Singleton {
    private static Singleton instance = null;
    public static Singleton getInstance() {
        //在第一次使用时生成实例，提高了效率!
        if (instance == null)
            instance = new Singleton();
        return instance;
    }
    public static void main(String[] args) {
        Singleton s1 = getInstance();
        Singleton s2 = getInstance();
        if(s1 == s2){
            System.out.println("s1 和 s2 是同一个对象");
        }
    }
}
```

执行结果如下。

```
s1 和 s2 是同一个对象
```

上述代码，在 main 方法中声明了两个变量 s1 和 s2，利用 getInstance 方法获取对象，通过测试比较，每次返回的都是同一个对象，这样不必每次都要创建对象，从而提高了效率。

拓展练习

练习 4.E.1

编写一个程序，在构造方法中显示"物体的重量为 10 千克"，然后分别以千克、克显示重量，输出结果如下。

```
请输入物体重量：
10
以千克为单位显示重量：
物体重：10 千克
以克为单位显示重量：
物体重：10000 克
```

实践 5　继承与多态

 实践指导

实践 5.G.1

参考实践 4.G.1，公司根据需要对职工划分为两种级别，除基本信息外，不同级别的职工需要额外存储以下信息：

- 职员（Staff）：奖金（bonus）；
- 经理（Manager）：车补（carAllowance）、股份激励（stock）；

具体要求如下：

- 对每个类实现 toString()方法；
- 每个类都提供相应的 getXXX()方法；
- 假设此公司共有员工 5 人：1 名经理、4 名职员；
- 要求能输入、输出公司所有人的信息。

分析

1. 分别定义一个职员类（Staff）和经理类（Manager），继承 Employee，然后根据自己的属性，编写相应的 get/set 方法。
2. 如果要显示职员和经理各自的详细信息，还需要对 Employee 中的 dispInfo 进行重写。
3. 编写测试类 Test，进行相关测试。

参考解决方案

1. Staff 类定义如下。

```
//Staff 类定义如下
public class Staff extends Employee {
    /* 奖金 */
    private double bonus;
    public double getBonus() {
        return bonus;
    }
    public void setBonus(double bonus) {
        this.bonus = bonus;
```

```
    }
}
```

Manager 类定义如下。

```
public class Manager extends Employee {
    /* 车辆补贴 */
    private double carAllowance;
    /* 股票数量 */
    private int stock;
    public double getCarAllowance() {
        return carAllowance;
    }
    public void setCarAllowance(double carAllowance) {
        this.carAllowance = carAllowance;
    }
    public int getStock() {
        return stock;
    }
    public void setStock(int stock) {
        this.stock = stock;
    }
}
```

2. 针对于 Employee 类中的方法 dispInfo，Manager 类和 Staff 类分别要进行重写，代码如下。

```
public class Manager extends Employee {
    //……代码省略
    // 输出员工的详细信息
    public void dispInfo() {
        super.dispInfo();
        System.out.print("车补为：" + this.carAllowance + " "
                + this.getName() + "的股票数量为：" + this.stock + "股");
        System.out.println();

    }
}
```

Staff 类重写后的代码如下。

```
public class Staff extends Employee {
    //……代码省略
    // 输出员工的详细信息
    public void dispInfo() {
```

```
        super.dispInfo();
        System.out.print("奖金为: " + this.bonus);
        System.out.println();
    }
}
```

3. 定义测试类，代码如下。

```
public class Test {
    public static void main(String[] args) {
        Company company = new Company();
        input(company);
        output(company);
    }
    // 输入四个员工和一个经理的信息
    public static void input(Company company) {
        Scanner scanner = new Scanner(System.in);
        Staff s1, s2, s3, s4;// 定义员工变量
        Manager manager = null;
        System.out.println("请输入第 1 个员工信息:");
        s1 = new Staff(scanner.next(), scanner.next(), scanner.nextDouble(),
                scanner.nextDouble());
        System.out.println("请输入第 2 个员工信息:");
        s2 = new Staff(scanner.next(), scanner.next(), scanner.nextDouble(),
                scanner.nextDouble());
        System.out.println("请输入第 3 个员工信息:");
        s3 = new Staff(scanner.next(), scanner.next(), scanner.nextDouble(),
                scanner.nextDouble());
        System.out.println("请输入第 4 个员工信息:");
        s4 = new Staff(scanner.next(), scanner.next(), scanner.nextDouble(),
                scanner.nextDouble());
        System.out.println("请输入经理信息:");
        manager = new Manager(scanner.next(), scanner.next(), scanner
                .nextDouble(), scanner.nextDouble(), scanner.nextInt());
        Employee[] emps = { s1, s2, s3, s4, manager };
        company.setEmps(emps);
    }

    // 输出公司员工详细信息
    public static void output(Company company) {
        company.dispEmpInfo();
    }
}
```

4. 执行当前程序，运行结果如下。

```
请输入第 1 个员工信息：
201001 张三 2500 1000
请输入第 2 个员工信息：
201002 李四 2700 1200
请输入第 3 个员工信息：
201003 王五 2400 800
请输入第 4 个员工信息：
201004 马六 2800 1000
请输入经理信息：
201005 赵七 3000 1000 400
职工号为：201005 姓名为：赵七   工资为：3000.0
车补为: 1000.0 股票数量为：400 股
职工号为：201004 姓名为：马六   工资为：2800.0
奖金为: 1000.0
职工号为：201002 姓名为：李四   工资为：2700.0
奖金为: 1200.0
职工号为：201001 姓名为：张三   工资为：2500.0
奖金为: 1000.0
职工号为：201003 姓名为：王五   工资为：2400.0
奖金为: 800.0
```

 知识拓展

1. Comparable 接口

从 JDK 1.2 开始，在 java.lang 中新增加了一个接口：Comparable。实现 Comparable 接口的类的对象可以被排序，即实现 Comparable 的类包含了可以按某种意义的方式进行对象的比较。

Comparable 接口定义如下。

```
public interface Comparable{
public int compareTo(Object obj);
}
```

上述代码中的 compareTo()方法用于确定调用一个类的实例的自然顺序。该方法比较调用对象和 obj。如果它们相等，就返回 0。如果调用对象比 obj 小，则返回一个负值。否则返回一个正值。实现该接口的类有 Byte、Character、Double、Float、Long、Short、String 以及 Integer 类，这些类中都定义了 compareTo 方法。实现这个接口的对象可以被使用在不同的集合中。

2. Cloneable 接口

在实际编程过程中，通常会遇到这种情况：有一个对象 A，在某一个时刻 A 中已经包含了一些有效值，此时可能会需要一个和 A 完全相同人新对象 B，并且此后对 B 任何改动都不会影响到 A 中的值，也就是说，A 与 B 是两个独立的对象，但 B 的初始值是由 A 对象确定的。这时就可以使用 clone（克隆）技术来实现"对象拷贝"。

Cloneable 本身就是为 clone 设计的，该接口中并没有任何方法，要想实现对象的克隆，对象对应的类必须实现 Cloneable 接口，这时当调用该类从父类 Object 继承过来的 clone 方法时，才不会抛出异常，否则会抛出 CloneNotSupportedException 异常。

克隆又分为浅克隆与深克隆：

■ 浅克隆（浅复制）
被复制对象的所有变量都含有与原来的对象相同的值，而所有的对其他对象的引用仍然指向原来的对象。换而言之，浅克隆仅仅复制所考虑的对象，而不复制它所引用的对象。

■ 深克隆（深复制）
被复制对象的所有变量都含有与原来对象相同的值，除去那些引用其他对象的变量。那些引用其他对象的变量将指向被复制过的新对象，而不再是原有的那些被引用的对象。换而言之，深克隆把要复制的对象所引用的对象都复制了一遍。

3. Template 模式

使用 Java 的抽象类时，就经常会使用到 Template 模式，因此 Template 模式使用很普遍而且很容易理解和使用。

模板模式的结构如下。

（1）抽象模板角色
■ 定义一个或多个抽象方法，以便让子类实现。
■ 定义并实现一个模版方法。

（2）具体模板角色
■ 实现父类定义的一个或多个抽象方法。
■ 每一个抽象模板角色都可以有任意个具体模板角色与之相对应，而每一个具体模板角色都可以给出抽象方法的不同实现。

抽象模板角色示例代码如下。

```
//银行抽象类
public abstract class Bank {
    /* 本金 */
    private double fond;
```

```
    /* 时间 */
    private double time;//年
    public Bank() {
    }
    public Bank(double fond, double time) {
        this.fond = fond;
        this.time = time;
    }
    public double getTime() {
        return time;
    }
    public void setTime(double time) {
        this.time = time;
    }
    public double getFond() {
        return fond;
    }
    public void setFond(double fond) {
        this.fond = fond;
    }
    /* 获取利息 */
    public final double getInterest() {
        return this.fond * getRate() * this.getTime();
    }
    /* 获取利率 */
    public abstract double getRate();
}
```

子类 AgriculturalBank 代码如下。

```
//农业银行
public class AgriculturalBank extends Bank {
    public AgriculturalBank() {
    }
    public AgriculturalBank(double fond, double time) {
        super(fond, time);
    }
    public double getRate() {
        return 0.03;
    }

}
```

子类 ConstructionBank 代码如下。

```
//建设银行
```

```
public class ConstructionBank extends Bank {
    public ConstructionBank() {
    }
    public ConstructionBank(double fond, double time) {
        super(fond, time);
    }
    public double getRate() {
        return 0.04;
    }
}
```

测试类如下。

```
public class BankTest {
    public static void main(String[] args) {
        Bank bank = new AgriculturalBank(10000, 1.5);
        System.out.println("存款 1.5 年，农业银行的利息是: " + bank.getInterest());
        bank = new ConstructionBank(10000, 1.5);
        System.out.println("存款 1.5 年，建设银行的利息是: " + bank.getInterest());
    }
}
```

执行结果如下。

```
存款 1.5 年，农业银行的利息是: 450.0
存款 1.5 年，建设银行的利息是: 600.0
```

上面代码实现了一个简单的 Template 模式。在 Bank 类中，getRate 方法并没有实现，而是分别在其子类 AgriculturalBank 和 ConstructionBank 中描述。Bank 中的 getInterest 方法称为模板方法，在该方法中调用的 getRate 方法在子类中实现。

由此可见，模板模式是通过把不变行为（如 getInterest 方法）移到父类，去除子类中的重复代码来体现它的优势。这种设计模式提供了一个很好的代码复用平台。当不变的行为和可变的行为在方法的子类实现中混合在一起的时候，不变的行为就会在子类中重复出现。通过模板方法就可以把这些行为移到特定的地方，这样就帮助了类摆脱重复的不变行为的问题。

 拓展练习

练习 5.E.1

修改实践 5.G.1，具体要求如下。

■ 能够使用 Arrays.sort() 方法实现按照年终工资升序排序输出。

■ 对每个类实现克隆功能。

■ 编写程序，要求实现以上功能并输出相关信息。

实践 6 异 常

实践指导

实践 6.G.1

升级实践 5.G.1，要求输入员工的基本信息时作数据完整性检查，具体要求如下：

- 员工号应为整数；
- 员工姓名的长度为 6 位至 8 位；
- 员工工资在 1200 元至 20000 元之间；
- 如不符合应抛出异常，并打印相关信息。

分析

1. 自定义异常类来抛出异常信息并捕获。
2. 根据题目要求，使用测试类进行输入数据处理。

参考解决方案

1. 自定义异常类 CheckException，代码如下。

```java
public class CheckException extends Exception {
    private static final long serialVersionUID = 1L;
    public CheckException() {
    }
    public CheckException(String msg, Throwable cause) {
        super(msg, cause);
    }
    public CheckException(String msg) {
        super(msg);
    }
}
```

2. 定义测试类，代码如下。

```java
public class CheckExceptionDemo {
    public static void main(String[] args) {
        String empNo = "s001";
        String name = "zhang";
```

```
        double salary = 6000;
        try {
            check(empNo, name, salary);
        } catch (CheckException e) {
            System.out.println("异常信息如下:" + e.getMessage());
        }
    }
    // 输入数据，返回合格的员工对象
    public static Employee check(String empNo, String name, double salary)
            throws CheckException {
        Employee emp = new Employee();
        try {
            // 解析员工编号
            int no = Integer.parseInt(empNo);
            emp.setEmpNo(no);
        } catch (NumberFormatException e) {
            throw new CheckException("员工号必须为整数", e);
        }
        // 获取员工姓名长度
        int nameLength = name.length();
        if (name != null && (nameLength < 6 || nameLength > 8)) {
            throw new CheckException("员工姓名长度在 6-8");
        }
        emp.setName(name);
        // 取得员工工资
        if (salary < 1200 || salary > 20000) {
            throw new CheckException("员工薪酬应在 1200-20000 之间");
        }
        emp.setSalary(salary);
        return emp;
    }
}
```

上述代码定义了一个异常类 CheckException，然后在测试类 CheckExceptionDemo 的 check()
方法中声明抛出此异常。在 check()方法代码中，分别对员工编号、姓名长度、员工工资
进行验证，如果不满足条件，就会抛出 CheckException 异常，抛出的异常对象会在 main()
方法中进行捕获，并打印相关的异常信息，从而实现了基本信息的完整性检查。

3. 当员工编号不是数字型时，执行当前程序，执行结果如下。

异常信息如下:员工号必须为整数

知识拓展

1. 日志记录

在 JDK1.4 中提供了一个日志记录包：java.util.logging，它可以对程序中的日志记录进行相当复杂的控制。例如：通过它可以指定日志的级别和日志的位置（控制台、文件、套接字、内存缓冲区），也可以创建子记录器，通过它可以用程序控制的方式来指定需要记录的内容，也可以使用配置文件来指定，而不需要改动程序。

首先获得一个 LogManager 类的一个实例。

```
LogManager logManager = LogManager.getLogManager();
```

然后创建记录器，并且把它添加到当前的管理器。

```
String thisName = "MyLog";
Logger log = Logger.getLogger(thisName);
logManager.addLogger(log);
```

如果没有指定日志文件存放的位置，则按照 jre/lib 目录下 logging.properties 文件中指定的内容，默认是 ConsoleHandler 意味着日志信息在控制台显示。

在程序中可以按照级别发布日志信息，共有 7 个级别。

- SERVER（最高值）
- WARNING
- INFO
- CONFIG
- FINE
- FINER
- FINEST（最低值）
- OFF（不记录）。

可以设置记录器的记录级别，以忽略低于 WARNING 级别的消息，只有用 server 和 warning 记录的信息才能输出。

LogDemo.java 代码如下。

```
public class LogDemo {
    public static void main(String[] args) {
        // 获得一个 LogManager 类的一个实例
        LogManager logManager = LogManager.getLogManager();
        // 创建记录器，并且把它添加到当前的管理器
        String thisName = "MyLog";
```

```
        Logger log = Logger.getLogger(thisName);
        logManager.addLogger(log);
        // 设置日志级别
        log.setLevel(Level.WARNING);
        if (log.isLoggable(Level.INFO)) {
            log.info("This message is info");//忽略，不会输出
        }
        if (log.isLoggable(Level.WARNING)) {
            log.warning("This message is warning");//消息在控制台输出
        }
    }
}
```

上述代码，在 main()方法中创建了一个 LogManager 日志管理器实例，然后通过 Logger 创建一个日志记录器实例 log，并把该实例添加到日志管理器中，然后设置 log 的级别，可以通过级别的不同设置，输出不同类别的消息。

测试结果如下。

```
2010-3-26 14:53:54 com.haiersoft.ph06.LogDemo main
警告: This message is warning
```

如果同时要把日志输出到文件和控制台，可以创建一个 FileHandler 并把它添加到记录器。

```
fh = new FileHandler("runtime.log");
```

如果没有特别指定，文件格式默认的是 XML。通过配置文件来控制日志记录。

```
fi = new FileInputStream(new File("logging.properties"));
logManager.readConfiguration(fi);
```

这样做的好处是不需要改变或重新编译程序，就可以改变日志记录的状态。

配置文件的格式。

```
handlers = java.util.logging.FileHandler,java.util.logging.ConsoleHandler
.Level = INFO
java.util.logging.ConsoleHandler.pattern = runtime.log
java.util.logging.ConsoleHandler.limit = 50000
java.util.logging.ConsoleHandler.count = 2
java.util.logging.ConsoleHandler.formatter = java.util.logging.XMLFormatter
java.util.logging.ConsoleHandler.level = WARNING
java.util.logging.ConsoleHandler.formatter = java.util.logging.SimpleFormatter
```

LogFileDemo.java 代码如下。

```
public class LogFileDemo {
    public static void main(String[] args) {
        // 获得一个 LogManager 类的一个实例
        LogManager logManager = LogManager.getLogManager();
        // 创建记录器，并且把它添加到当前的管理器
        String thisName = "MyLog";
        Logger log = Logger.getLogger(thisName);
        logManager.addLogger(log);
        FileHandler fh = null;
        FileInputStream fi = null;
        try {
            fi = new FileInputStream(new File("logging.properties"));
            logManager.readConfiguration(fi);
            fh = new FileHandler("runtime.log");
            log.addHandler(fh);
        } catch (Exception e) {
            e.printStackTrace();
        }
        //判断级别是否允许
        if (log.isLoggable(Level.INFO)) {
            log.info("This message is info");
        }
        if (log.isLoggable(Level.WARNING)) {
            log.warning("This message is warning");
        }
    }
}
```

2. StringBuffer

StringBuffer 是线程安全的可变字符序列。一个类似于 String 的字符串缓冲区，但不能修改。虽然在任意时间点上它都包含某种特定的字符序列，但通过某些方法调用可以改变该序列的长度和内容。可将字符串缓冲区安全地用于多个线程。可以在必要时对这些方法进行同步，因此任意特定实例上的所有操作就好像是以串行顺序发生的，该顺序与所涉及的每个线程进行的方法调用顺序一致。StringBuffer 上的主要操作是 append 和 insert 方法，可重载这些方法，以接受任意类型的数据。每个方法都能有效地将给定的数据转换成字符串，然后将该字符串的字符追加或插入到字符串缓冲区中。append 方法始终将这些字符添加到缓冲区的末端；而 insert 方法则在指定的点添加字符。

下述代码在 StringBuffer 对象中添加一个字符串，然后在该字符串中插入另一个字符串。

```
public class StringBufferDemo {
    public static void main(String[] args) {
```

```
        // 定义一个StringBuffer对象
        StringBuffer buffer = new StringBuffer();
        buffer.append("today is sunday");
        // 打印结果
        System.out.println(buffer.toString());
        buffer.insert(8, " a fine");
        // 打印添加内容后的结果
        System.out.println(buffer.toString());
    }
}
```

执行结果如下。

```
today is sunday
today is a fine sunday
```

3. StringBuilder

一个可变的字符序列。此类提供一个与 StringBuffer 兼容的 API，但不保证同步。该类被设计用做 StringBuffer 的一个简易替换，用在字符串缓冲区被单个线程使用的时候（这种情况很普遍）。如果可能，建议优先采用该类，因为在大多数应用中，它比 StringBuffer 要快。在 StringBuilder 上的主要操作是 append 和 insert 方法，可重载这些方法，以接受任意类型的数据。每个方法都能有效地将给定的数据转换成字符串，然后将该字符串的字符追加或插入到字符串生成器中。append 方法始终将这些字符添加到生成器的末端；而 insert 方法则在指定的点添加字符。

该类的用法和 StringBuffer 类似，通常情况下应该优先使用 StringBuilder 类，因为它支持所有相同的操作，但由于它不执行同步，所以速度更快。

将 StringBuilder 的实例用于多个线程是不安全的。如果需要同步，则建议使用 StringBuffer。

4. StringTokenizer

StringTokenizer 类允许应用程序将字符串分解为标记。tokenization 方法比 StreamTokenize 类所使用的方法更简单。StringTokenizer 方法不区分标识符、数和带引号的字符串，它们也不识别并跳过注释。可以在创建时指定，也可以根据每个标记来指定分隔符（分隔标记的字符）集。StringTokenizer 的实例有两种行为方式，这取决于它在创建时使用的 returnDelims 标志的值是 true 还是 false。

■ 如果标志为 false，则分隔符字符用来分隔标记。标记是连续字符（不是分隔符）的最大序列。将返回的 Object 对象强制转换成 Integer。

■ 如果标志为 true，则认为那些分隔符字符本身即为标记。因此标记要么是一个分隔符字符，要么是那些连续字符（不是分隔符）的最大序列。

StringTokenizer 对象在内部维护字符串中要被标记的当前位置。某些操作将此当前位置移至已处理的字符后。

通过截取字符串的一个子串来返回标记，该字符串用于创建 StringTokenizer 对象。

注意　StringTokenizer 是出于兼容性的原因而被保留的遗留类（虽然在新代码中并不鼓励使用它）。建议所有寻求此功能的人使用 String 的 split 方法或 java.util.regex 包。

下面代码以空格作为分隔符，把一个字符串分割成多个单词代码示例如下。

```
public class StringTokenizerDemo {
    public static void main(String[] args) {
        //把下面句子拆分成多个单词
        String strCode = "today is a very important day";
        //定义一个StringTokenizer对象，以空格作为分割符
        StringTokenizer st = new StringTokenizer(strCode, " ");
        while (st.hasMoreElements()) {
            String str = (String) st.nextElement();
            System.out.println(str);
        }
    }
}
```

执行结果如下。

```
today
is
a
very
important
day
```

 拓展练习

练习 6.E.1

试着连接 1000 个 "hello world" 字符串，比较一下 String、StringBuffer、StringBuilder 的性能。

注意　利用 StringBuilder、String、StringBuffer 类和 System.currentTimeMilli 来测试运行时间。

实践 7 泛 型

 实践指导

实践 7.G.1

基于泛型的规则和限制，实现带两个参数的泛型的定义。

分析

1. 泛型的类型参数允许有多个。
2. 泛型定义的语法结构为：class class-name <type-param-list>{//...}，其中 type-param-list 用于指定类型参数列表。
3. 根据题目要求，在定义带两个参数的泛型类时，只需为其指定两个占位符皆可。

参考解决方案

1. 定义带两个占位符的泛型类 TwoParamGen.java，代码如下。

```java
public class TwoParamGen<T,V> {
    // 定义泛型成员变量
    private T ob1;
    private V ob2;
    public TwoParamGen(T ob1,V ob2) {
        this.ob1 = ob1;
        this.ob2 = ob2;
    }
    public T getOb1() {
        return ob1;
    }
    public V getOb2() {
        return ob2;
    }
    public void setOb2(V ob2) {
        this.ob2 = ob2;
    }
    public void setOb1(T ob1) {
        this.ob1 = ob1;
    }
    public void showType() {
```

```
        System.out.println("T 的实际类型是: " + ob1.getClass().getName());
        System.out.println("V 的实际类型是: " + ob2.getClass().getName());
    }
}
```

2. 定义测试类，代码如下。

```
public class TwoParamGenDemo {
    public static void main(String[] args) {
        TwoParamGen<Integer,String> obj =
new TwoParamGen<Integer,String>(88,"Test String");
        obj.showType();
        int i = obj.getOb1();
        System.out.println("ob1 value= " + i);
        String s = obj.getOb2();
        System.out.println("ob2 value= " + s);
    }
}
public class TwoParamGenDemo {
    public static void main(String[] args) {
        TwoParamGen<Integer, String> obj =
        new TwoParamGen<Integer, String>(88,"Test String");
        obj.showType();
        int i = obj.getOb1();
        System.out.println("ob1 value= " + i);
        String s = obj.getOb2();
        System.out.println("ob2 value= " + s);
    }
}
```

3. 执行当前程序，运行结果如下。

```
T 的实际类型是: java.lang.Integer
V 的实际类型是: java.lang.String
ob1 value= 88
ob2 value= Test String
```

 知识拓展

1. 泛型类在继承中的运行时

运算符 instanceof 用于确定一个对象是否是某个类的实例，如果一个对象属于或可被强制转换到指定的类型，该运算符就会返回 true。instanceof 运算符同样可应用于泛型类对象。

首先定义泛型父类，代码如下。

```java
public class Base <T>{
    T ob;
    Base(T ob){
        this.ob=ob;
    }
}
```

定义 Base 类的子类如下。

```java
public class Derived<T> extends Base<T> {
    Derived(T ob){
        super(ob);
    }
}
```

下面代码充分展示了 instanceof 运算符在泛型类继承关系中的判定应用。

```java
public class InstanceofDemo {
    public static void main(String args[]) {
        Base<Integer> iOb = new Base<Integer>(88);
        Derived<Integer> iOb2 = new Derived<Integer>(99);
        // 判断 iOb2 是否是 Derived 的实例
        if (iOb2 instanceof Derived<?>)
            System.out.println("iOb2 是 Derived 的实例");
        // 判断 iOb2 是否是 Base 的实例
        if (iOb2 instanceof Base<?>)
            System.out.println("iOb2 是 Base 的实例");
        // 判断 iOb 是否是 Derived 的实例
        if (iOb instanceof Derived<?>)
            System.out.println("iOb 是 Derived 的实例");
        // 判断 iOb 是否是 Base 的实例
        if (iOb instanceof Base<?>)
            System.out.println("iOb 是 Base 的实例");
        // 下面语句将报错
        // if(iOb2 instanceof Derived<Integer>)
        // System.out.println("iOb2 是 Derived<Integer>的实例");
    }
}
```

执行结果如下。

```
iOb2 是 Derived 的实例
iOb2 是 Base 的实例
```

```
iOb 是 Base 的实例
```

上述代码中，Derived 是 Base 的一个子类，Base 是一个类型参数为 T 的泛型。iOb2 声明为 Derived 的对象，故 iOb2 即是 Base 的实例，又是 Derived 的实例；但由于 iOb 声明为 Base 类的对象，在如下语句中，判定结果为 false，并不产生输出结果。

```
iOb instanceof Derived<?>
```

另外，语句：

```
if(iOb2 instanceof Derived<Integer>)
```

提示编译错误是由于其试图比较 iOb2 和一个特定类型，而在运行时无法得到泛型类型信息，因此无法使用 instanceof 判断 iOb2 是否是 Derived<Integer>的一个实例。

2.　擦除

本质上 JVM 中并没有泛型类型对象，所有的对象都属于普通的类。只是编译器"耍"了一个花招，使得似乎存在对泛型类型的支持，编译器利用泛型类型信息检查所有的代码，但随即"擦除"所有的泛型类型并生成只包含普通类型的类文件。泛型类在 Java 源码上看起来与一般的类不同，在执行时被虚拟机翻译成对应的"原始类型"。泛型类的类型参数列表被去掉，虚拟机用类型参数的限定类型对使用类型参数的地方进行了替换，如果没有限定类型则使用 Object 类型进行替换。这个过程就是所谓的"类型擦除"。类型参数如果有多个限定，则使用第一个限定类型做替换。泛型方法也会做相同的替换。

考虑下面的泛型类。

```java
public class Generic<T> {
    private T ob1;
    private T ob2;
    public Generic(T ob1,T ob2){
        this.ob1=ob1;
        this.ob2=ob2;
    }
    public T getOb1() {
        return ob1;
    }
    public void setOb1(T ob1) {
        this.ob1 = ob1;
    }
    public T getOb2() {
        return ob2;
    }
    public void setOb2(T ob2) {
```

```
        this.ob2 = ob2;
    }
}
```

使用类分析器对 Generic 编译后的 class 文件进行分析，结果如下，所有定义为泛型的声明中默认使用 Object 进行了替换。

```
public class Generic extends java.lang.Object{
    // 属性
    private java.lang.Object ob1;
    private java.lang.Object ob2;
    // 构造函数
    public Generic(java.lang.Object, java.lang.Object);
    // 方法
    public void setOb1(java.lang.Object);
    public void setOb2(java.lang.Object);
    public java.lang.Object getOb1();
    public java.lang.Object getOb2();
}
```

如果对泛型类的上限加以限制，如<T extends Number>，使用类分析器再次分析的结果如下。

```
public class Generic extends java.lang.Object{
    // 属性
    private java.lang.Number ob1;
    private java.lang.Number ob2;
    // 构造函数
    public Generic(java.lang.Number, java.lang.Number);
    // 方法
    public void setOb1(java.lang.Number);
    public void setOb2(java.lang.Number);
    public java.lang.Number getOb1();
    public java.lang.Number getOb2();
}
```

使用 Number 对泛型的类型参数限定上限后，编译结果全部使用 Number 进行了替换。
在程序调用泛型方法的时候，如果返回值被擦除，编译器会自动插入强制的类型转换。
如下述语句：

```
Generic<Integer> iobj = new Generic<Integer>(12);
Integer ob1 = iobj.getOb1();
```

原始类型中方法 getOb1 的返回值被替换成 Object，但是编译器会自动插入 Integer 的强制类型转换。编译器会将这条语句翻译成以下两条虚拟机指令，并插入字节码。

- 对原始方法 getOb1 的调用。
- 将返回的 Object 对象强制转换成 Integer。

当存取一个泛型属性的时候也会在字节码中插入强制的类型转换。

类型擦除同样发生在泛型方法中。虚拟机中同样也没有泛型方法，泛型方法也同样会经历"类型擦除"。泛型方法的类型擦除会带来以下两个问题。

- 方法签名冲突。
- 类型擦除与多态的冲突。

如下面代码所示，这两个方法实际上是冲突的，类型擦除后它们有相同的签名。

```
public class Gen<T> {
    public void fun(T t){ ... }//方法1
    public void fun(Object t){ ... }//方法2
}
```

对于签名冲突，补救的办法只能是重新命名。

Java 中的方法调用采用的是动态绑定的方式，子类覆写超类中的方法，如果将子类向上转型成父类后，仍然可以调用覆写后的方法。但是泛型类的类型擦除造成了一个问题。

考虑一下述代码，泛型类 GenericDerived 继承前面定义的 Generic<T>。

```
public class GenericDerived extends Generic<Integer> {
    public GenericDerived(Integer ob1, Integer ob2) {
        super(ob1, ob2);
    }
    public void setOb2(Integer ob2){
        super.setOb2(ob2);
        System.out.println("执行子类 setOb2 方法");
    }
    public Integer getOb2(){
        return super.getOb2();
    }
    public static void main(String []args){
        GenericDerived derived = new GenericDerived(12, 20);
        Generic<Integer> base =derived;
        Integer iobj =100;
        System.out.println("修改前: "+base.getOb2());
        base.setOb2(iobj);
        System.out.println("修改后: "+base.getOb2());
    }
}
```

上述代码在继承过程中，通过语句：

```
class GenericDerived extends Generic<Integer>
```

声明了一个特定 Integer 版本的泛型类，此外 GenericDerived 中的方法 setOb2 方法被定义为接受 Integer 类型的参数。现在的问题在于，由于类型擦除，Generic 的原始类型中存在方法。

```
public void setOb2(java.lang.Object);
```

GenericDerived 中存在方法。

```
public void setOb2(java.lang.Integer);
```

这里本意是想重写 Generic 中的 setOb2 方法，但从方法签名上看，这完全是两个不同的方法，类型擦除与多态产生了冲突。

为了处理这个问题，编译器自动生成一个桥接方法，来实现父类方法的重写。使用类分析器分析 GenericDerived 的类文件，结果如下。

```
public class GenericDerived extends Generic{
    // ...其他方法
    public void setOb2(java.lang.Integer);
    // 桥接方法
    public void setOb2(java.lang.Object);
}
```

这个桥接方法的实际内容如下。

```
public void setOb2(Object ob2){
    this.setOb2((java.lang.Integer)ob2);
}
```

这样就符合面向对象中的多态特性了，实现了动态绑定。

 ## 拓展练习

练习 7.E.1

写一个方法实现：传入一个 String 类型的参数，假设长度为 n，把下标 $n/4$ 处开始的两个字符和 $n/2$ 处开始的字符交换。返回转换后的字符串。

实践指导

实践 8.G.1

基于 String 类型，使用 LinkIterator 实现泛型 LinkedList 的元素的修改，链表的顺序遍历和逆向遍历。

分析

1. LinkedList 继承自 List 接口，具有集合类共有的一般操作。

2. ListIterator 接口继承 Iterator 接口，是列表迭代器，用以支持添加或更改底层集合中的元素，允许程序员双向访问、修改列表。

3. ListIterator 没有当前位置，光标位于调用 previous 和 next 方法返回的值之间，通过 previous 方法实现向前遍历，使用 next 方法实现向后遍历。

参考解决方案

1. 定义 LinkedListDemo.java，实现 LinkedList 的修改、遍历和逆向遍历，代码如下。

```java
public class LinkedListDemo {
    public static List<String> linkedList;
    // 初始化
    public static void init() {
        linkedList = new LinkedList<String>();
        linkedList.add("first");
        linkedList.add("second");
        linkedList.add("third");
    }
    // 正向遍历
    public static void travel() {
        ListIterator<String> iterator = linkedList.listIterator();
        while (iterator.hasNext()) {
            String str = iterator.next();
            System.out.println(str);
        }
    }
    // 逆向遍历
```

```
    public static void reverseTravel() {
        ListIterator<String> iterator = linkedList.listIterator();
        // 逆向遍历前需将迭代器指针移至最后元素
        while (iterator.hasNext()) {
            iterator.next();
        }
        // 逆向遍历
        while (iterator.hasPrevious()) {
            String str = iterator.previous();
            System.out.println(str);
        }
    }
    // 修改元素
    public static void modify() {
        ListIterator<String> listIterator = linkedList.listIterator();
        while (listIterator.hasNext()) {
            String str = listIterator.next();
            listIterator.set("[" + str + "]");
        }
        listIterator.add("new element");
    }
    public static void main(String args[]) {
        init();
        System.out.println("----正向遍历----");
        travel();
        System.out.println("----逆向遍历----");
        reverseTravel();
        modify();
        System.out.println("----修改后  ----");
        travel();
    }
}
```

2. 执行当前程序，运行结果如下。

```
----正向遍历----
first
second
third
----逆向遍历----
third
second
first
```

```
----修改后 ----
[first]
[second]
[third]
new element
```

> **注意**　如果使用 ListIterator 对集合结构进行逆向遍历，需是首先将迭代器的指针移至最后一个元素。

实践 8.G.2

基于用户自定义类型，使用 TreeSet 实现能够按照指定的属性进行排序。

分析

1. TreeSet 将放入其中的元素按序存放，这就要求放入其中的对象是可排序的。
2. 让类支持可排序，需要扩展 Comparable 或 Comparator。
3. 使用 Comparable 接口可以方便地实现按照某个字段排序，但无法实现按多个字段排序。为实现此功能，可以引入 Comparator 接口，通过定义 Comparator 接口的实现类，完成任意字段排序。

参考解决方案

1. 定义用户类 Student 并实现 Comparable 接口，默认按照年龄排序，代码如下。

```java
class Student implements Comparable<Object> {
    String name;
    int age;
    public Student(String name, int age) {
        this.name = name;
        this.age = age;
    }
    public String getName() {
        return this.name;
    }
    public String toString() {
        return new String("[name=" + name + ",age=" + age + "]");
    }
    public int compareTo(Object obj) {
        //强制类型转化
        Student other = (Student) obj;
        if (age < other.age)
            return -1;
        if (age > other.age)
```

```
            return 1;
        return 0;
    }
}
```

2. 定义 NameComparator 类实现 Comparator 接口，实现按姓名排序，代码如下。

```
public class NameComparator implements Comparator<Student> {
    // 实现 compare 方法完成 name 的比较
    public int compare(Student obj1, Student obj2) {
        if (obj1.getName().compareTo(obj2.getName()) < 0) {
            return -1;
        } else if (obj1.getName().compareTo(obj2.getName()) > 0) {
            return 1;
        }
        return 0;
    }
}
```

3. 定义测试类如下。

```
public class TreeSetDemo {
    // 添加元素
    public static void init(TreeSet<Student> treeSet ){
        treeSet.add(new Student("tom",19));
        treeSet.add(new Student("rose",25));
        treeSet.add(new Student("jack",23));
        System.out.println("treeSet : "+treeSet);
    }
    public static void main(String args[]) {
        // 指定比较器
        TreeSet<Student> treeSet = new TreeSet<Student>(new NameComparator());
        init(treeSet);
        // 未指定比较器
        TreeSet<Student> treeSet2 = new TreeSet<Student>();
        init(treeSet2);
    }
}
```

4. 执行当前程序，运行结果如下。

```
treeSet : [[name=jack,age=23], [name=rose,age=25], [name=tom,age=19]]
treeSet : [[name=tom,age=19], [name=jack,age=23], [name=rose,age=25]]
```

上述代码中，在初始化 treeSet2 时，使用默认构造函数，没有指明排序依据，此时将调用所添加对象的默认排序依据，也就是说 Student 类需实现 Comparable 接口，并定义默认的排序算法。

实践 8.G.3

　　基于用户自定义类型，使用 TreeMap 实现能够按照自定义类指定的属性进行排序。

分析

1. TreeMap 将放入其中的元素按关键字的顺序存放，这就要求放入其中的对象是可排序的。
2. 当 TreeMap 的键为用户自定义类别时，为了其能顺利排序，需要指定比较器，此比较器需要实现 Comparator 接口。
3. 这里我们借用实践 8.G.2 中定义好的 Student 类和 NameComparator 比较器来做介绍。

参考解决方案

1. 定义用户类 Student 并实现 Comparable 接口，默认按照年龄排序，代码如下。

```java
public class TreeMapDemo {
    // 添加元素
    public static void init(TreeMap<Student, String> treeMap) {
        treeMap.put(new Student("tom", 19), "Qingdao");
        treeMap.put(new Student("rose", 25), "Tianjin");
        treeMap.put(new Student("jack", 23), "Beijing");
    }
    // 遍历 TreeMap 中的元素
    public static void printTreeMap(TreeMap<Student, String> treeMap) {
        Set<Map.Entry<Student, String>> set = treeMap.entrySet();
        // 遍历所有元素
        for (Entry<Student, String> entry : set) {
            System.out.println(entry.getKey() + " : " + entry.getValue());
        }
    }
    public static void main(String args[]) {
        // 指定比较器
        TreeMap<Student, String> treeMap =
        new TreeMap<Student, String>(new NameComparator());
        init(treeMap);
        printTreeMap(treeMap);
        System.out.println("---------");
        // 未指定比较器
        TreeMap<Student, String> treeMap2 = new TreeMap<Student, String>();
        init(treeMap2);
```

```
        printTreeMap(treeMap2);
    }
}
```

2. 执行当前程序，运行结果如下：

```
[name=jack,age=23] : Beijing
[name=rose,age=25] : Tianjin
[name=tom,age=19] : Qingdao
---------
[name=tom,age=19] : Qingdao
[name=jack,age=23] : Beijing
[name=rose,age=25] : Tianjin
```

上述代码中在构造 treeMap 时指定了比较器 NameComparator，从运行结果可以看出其 TreeMap 是按照 Student 的姓名属性升序存储的。

  知识拓展

1. 历史遗留

在 Java1.2 之前，Java 是没有完整的集合框架的。只有一些简单的可以自扩展的容器类，比如 Vector、Stack、HashTable 等。

（1）Vector

Vector 中包含的元素可以通过一个整型的索引值取得，它的大小可以在添加或移除元素时自动增加或缩小。Vector 的操作很简单，通过 addElement 方法加入一个对象，用 elementAt 方法取出对象，还可以查询当前所保存的对象的个数；另外还有一个 Enumeration 类提供了连续操作 Vector 中元素的方法，这可以通过 Vector 中的 elements 方法来获取一个 Enumeration 类的对象，用一个 while 循环来遍历其中的元素。用 hasMoreElements 方法检查其中是否还有更多的元素，用 nextElement 方法获得下一个元素。Enumeration 的用意在于完全不用理会要遍历的容器的基础结构，只关注遍历方法，这也就使得遍历方法的重用成为可能。由于这种思想的强大功能，所以在 Java1.2 后被保留下来，不过具体实现、方法名和内部算法都改变了，这就是我们前面提到的 Iiterator，以及 ListIterator 接口。然而 Enumeration 的功能却十分有限，比如只能朝单向操作，只能读取而不能更改等。

（2）Stack

另一个单元素容器是 Stack，它最常用的操作便是压入和弹出，最后压入的元素最先被弹出，这种特性被称为后进先出（LIFO）。在 Java 中 Stack 的用法也很简单，用 push 方法压入一个元素，用 pop 方法弹出一个元素。但 Stack 继承了 Vector，这样造成的结果是 Stack 也拥有 Vector 的行为，也就是说你可以把 Stack 当做一个 Vector 来用，这就违背了 Stack 的用意。

（3）HashTable

HashTable 也是 Java1.2 以前版本的一个容器类库。它的基本目标是实现两个或多个对象之间的关联，HashTable 与前面提到的 Map 类似，可以看成一种关联或映射数组，可以将两个或多个毫无关系的对象相关联。通过使用 put(object key,object value)方法把两个对象进行关联，需要时用 get(object key)取得与 key 关联的值对象。还可以查询某个对象的索引值等。HashTable 使用了一种哈希表的技术，通过 object 的 hashCode()方法获得的哈希码，HashTable 就是利用这个哈希实现快速查找键对象的。

（4）Dictionary

字典（Dictionary）是一个表示关键字/值存储库的抽象类，同时它的操作也很像映射（Map）。给定一个关键字和值，可以将值存储到字典（Dictionary）对象中，与映射一样，字典可以被当做键-值对列表来考虑，可以通过关键字来检索它。

2. Properties

属性集（Properties）是 Hashtable 的一个子类，它用来保持值的列表，其关键字和值都是字符串。其数据可以保存到一个文件中，也可以从一个文件中加载。Properties 类被许多其他的 Java 类所使用。例如，当获得系统环境值时的方法 System.getProperties()。其常用方法及使用说明如表 8.1 所示。

表 8.1　Properties 的方法列表

方法名	功能说明
String getProperty(String key)	根据 key 键返回其对应的字符串值，如果不存在返回 null
String getProperty(String key,String defaultProperty)	根据 key 键返回其对应的字符串值，如果不存在返回 defaultProperty
void load(InputStream input) throws IOException	从 input 关联的输入流读入属性列表
Enumeration propertyNames()	返回属性列表中所有键的枚举
Object setProperty(String key, String value)	将键为 key、值为 value 的属性存入属性列表，并返回 key 对应的旧值
void store(OutputStream out, String header)	将属性列表存入到 out 关联的输出流

下述代码演示了 Properties 的使用。

```
public class PropertiesDemo {
    public static void main(String args[]) {
        Properties properties = new Properties();
        properties.put("Shandong", "Jinan");
        properties.put("Hunan", "Changsha");
        properties.put("Guangdong", "Guangzhou");
```

```
        // 获取键集
        Set set = properties.keySet();
        // 使用迭代器
        String str;
        for (Object element : set) {
            str = (String) element;
            System.out.println(str + " : " + properties.getProperty(str));
        }
        System.out.println("---------------");
        // 获取键不存在的信息，返回 null
        str = properties.getProperty("Hebei");
        System.out.println("str : " + str);
        // 获取键不存在的信息，但提供默认值，返回默认值
        str = properties.getProperty("Hebei", "Not Exist");
        System.out.println("str : " + str);
    }
}
```

执行结果如下。

```
Shandong : Jinan
Guangdong : Guangzhou
Hunan : Changsha
---------------
str : null
str : Not Exist
```

3. Collections

Collections 是针对集合类的一个帮助类，它提供一系列静态方法实现对各种集合的搜索、排序、线程安全化等操作。其方法全部为静态，常用方法及使用说明如表 8.2 所示。

表 8.2　Collections 的方法列表

方法名	功能说明
static int indexOfSubList(List source, List target)	返回 List target 在 List source 中第一次出现的位置，如果没有返回-1
static Object max(Collection<? extends T> coll)	返回按自然顺序确定的 coll 中的最大元素
static Object max(Collection<? extends T> coll, Comparator<? super T> comp)	返回按比较器 comp 顺序确定的 coll 中的最大元素
static void reverse(List<?> list)	将 list 中的序列逆向存储
static void sort(List<T> list)	按自然顺序对 list 中的元素进行排序
static void sort(List<T> list, Comparator<? super T> c)	按比较器 c 对 list 中的元素进行排序

下述代码演示了 Collections 的使用。

```
public class CollectionsDemo {
    public static void main(String args[]) {
        LinkedList<String> linkedList = new LinkedList<String>();
        linkedList.add("Tom");
        linkedList.add("Rose");
        linkedList.add("Jack");
        linkedList.add("Smith");
        // 输入顺序排序输出
        System.out.println("linkedList : " + linkedList);
        // 自然排序
        Collections.sort(linkedList);
        // 自然顺序排序输出
        System.out.println("linkedList : " + linkedList);
        // 获取逆向排序
        Comparator<String> comparator = Collections.reverseOrder();
        // 逆向排序
        Collections.sort(linkedList, comparator);
        // 逆向排序输出
        System.out.println("linkedList : " + linkedList);
        System.out.println("Minimum: " + Collections.min(linkedList));
        System.out.println("Maximum: " + Collections.max(linkedList));
    }
}
```

执行结果如下。

```
linkedList : [Tom, Rose, Jack, Smith]
linkedList : [Jack, Rose, Smith, Tom]
linkedList : [Tom, Smith, Rose, Jack]
Minimum: Jack
Maximum: Tom
```

4. BitSet

BitSet 用于存放一个位序列。BitSet 类提供了非常方便的接口，可以用于对各个位进行读取、设置和清除等操作。常用方法及使用说明如表 8.3 所示。

表 8.3　BitSet 的方法列表

方法名	功能说明
BitSet(int nbits)	构造一个位集
int length()	返回位集的"逻辑长度"

方法名	功能说明
int get(int index)	获取 index 对应的位
int clear(int index)	清除 index 对应的位
void and(BitSet set)	将该位集与另一个位集 set 进行逻辑与操作
void andNot(BitSet set)	清除该位集在另一个位集中被设置的所有位
void or(BitSet set)	将该位集与另一个位集 set 进行逻辑或操作
void xor(BitSet set)	将该位集与另一个位集 set 进行逻辑异或操作
void set(int index)	设置 index 对应的位

下述代码演示了 BitSet 的使用。

```
class BitSetDemo {
    public static void main(String args[]) {
        BitSet bits1 = new BitSet(16);
        BitSet bits2 = new BitSet(16);
        // 设置位值
        for (int i = 0; i < 16; i++) {
            if ((i % 3) == 0)
                bits1.set(i);
            if ((i % 5) != 0)
                bits2.set(i);
        }
        System.out.println("Initial bits1: ");
        System.out.println(bits1);
        System.out.println(bits1.size());
        System.out.println("Initial bits2: ");
        System.out.println(bits2);
        System.out.println(bits2.size());
        // 逻辑与操作
        bits2.and(bits1);
        System.out.println("bits2 AND bits1: " + bits2);
        // 逻辑或操作
        bits2.or(bits1);
        System.out.println("bits2 OR bits1: " + bits2);
        // 逻辑异或操作
        bits2.xor(bits1);
        System.out.println("bits2 XOR bits1: " + bits2);
    }
}
```

执行结果如下。

```
Initial bits1:
{0, 3, 6, 9, 12, 15}
64
Initial bits2:
{1, 2, 3, 4, 6, 7, 8, 9, 11, 12, 13, 14}
64
bits2 AND bits1: {3, 6, 9, 12}
bits2 OR bits1: {0, 3, 6, 9, 12, 15}
bits2 XOR bits1: {}
```

 拓展练习

练习 8.E.1

创建一个 Fruits 对象，把 Vector 类型的对象作为其属性，来进行底层的存储，默认情况下，Fruits 对象中有 "苹果"、"香蕉"，现在编写 add 方法，添加 "梨"、"桃子"；然后编写 search 方法，给定任意水果名称，查看一下 Fruits 中是否包含该水果；编写 remove 方法，输入一个特定水果名称，从 Fruit 对象中删除，例如输入 "苹果"，最后编写 display 方法，用于显示 Fruits 中所有水果。

实践 9 流与文件

 实践指导

实践 9.G.1

获取系统驱动器列表。

分析

1. 使用 File 类的 listRoots 方法返回所有的驱动器名。
2. 利用 for-each 依次打印所有的驱动器名称。

参考解决方案

1. 定义一个 DriverList 类。

```
public class DriverList {
    public static void main(String[] args) {
//利用 listRoots 方法返回所有的驱动器
        File[] files = File.listRoots();
        if (files != null) {
            for (File file : files) {
                System.out.println(file.getPath());
            }
        }
    }
}
```

2. 执行当前程序，运行结果如下。

```
C:\
D:\
E:\
F:\
L:\
```

> **注意** 如果在其他操作系统平台，例如 linux 下返回的不是磁盘列表。

实践 9.G.2

定义一个菜单驱动程序完成文件操作，菜单中的具体要求如下。

- "1. 创建一个文件"，默认在当前目录中创建，除非指定绝对路径。
- "2. 删除一个文件"，默认在当前目录中删除，除非指定绝对路径。
- "3. 文件复制"，默认在当前目录中复制，除非指定绝对路径。
- "4. 创建一个文件夹"，默认在当前目录中创建，除非指定绝对路径。
- "5. 删除一个文件夹"，（默认在当前目录中删除，如文件夹不为空则不能删除，除非指定绝对路径）。
- "6. 显示当前目录的所有文件及文件夹"，（对于文件夹其后追加<DIR>指明，以区分于文件。
- "7. 显示当前目录的路径"。
- "8. 回到上一级目录"。
- "9. 更改当前目录。
- "0. 退出"。

编写程序实现上述功能。

分析

1. 利用 switch-case 结构实现多个功能选。
2. 利用 createNewFile 方法创建一个文件。
3. 利用 delete 方法删除一个文件。
4. 使用输入输出流来实现文件的复制。
5. 使用 mkdir 来创建一个目录。
6. 利用递归的方式删除文件夹。
7. 利用 listFiles 方法返回所有的文件或文件夹。
8. 利用 getAbsolutePath 返回当前目录的路径。

参考解决方案

1. 定义一个 FileUtils 类，类中的方法都为静态方法，代码如下。

```java
public class FileUtils {
    // 新创建一个文件
    public static void newFile(String fileName, File currentPath) {
        File file = new File(fileName);
        try {
            // 绝对路径下删除
            if (file.isAbsolute()) {
```

```
                    if (!file.exists()) {
                        file.createNewFile();
                    }
                } else {
                    // 相对路径下删除
                    file = new File(currentPath, fileName);
                    if (!file.exists()) {
                        file.createNewFile();
                    } else {
                        System.out.println("文件已经存在或文件路径名不合法");
                        return;
                    }
                }
            } catch (Exception e) {
                e.printStackTrace();
            }
        }
        // 删除文件
        public static void delete(String fileName, File currentPath) {
            File file = new File(fileName);
            // 如果是绝对路径直接删除
            if (file.isAbsolute()) {
                file.delete();
            } else {
                // 如果是相对路径
                file = new File(currentPath, fileName);
                if (file.exists()) {
                    file.delete();
                } else {
                    System.out.println("文件不存在或文件路径名不合法");
                    return;
                }
            }
        }
        // 删除文件夹
        public static void deleteDirectory(File directory) {
            File[] files = directory.listFiles();
            for (int i = 0; i < files.length; i++) {
                File file = files[i];
                if (file.isDirectory()) {
                    deleteDirectory(file);
                }
                file.delete();
```

```
        }
        directory.delete();
    }
    // 进行文件复制
    public static void copyFile(String src, String dest) {
        File srcFile = new File(src);
        File destPath = new File(dest);
        if (!srcFile.exists() || !destPath.exists()) {
            System.out.println("源文件或目的文件夹不存在");
            return;
        }
        FileInputStream fis = null;
        FileOutputStream fos = null;
        try {
            File desFile = new File(destPath, srcFile.getName());
            desFile.createNewFile();
            fis = new FileInputStream(srcFile);
            fos = new FileOutputStream(desFile);
            int bytesRead;
            byte[] buf = new byte[4 * 1024]; // 4K buffer
            while ((bytesRead = fis.read(buf)) != -1) {
                fos.write(buf, 0, bytesRead);
            }
            fos.flush();
        } catch (IOException e) {
            System.out.println(e);
        } finally {
            try {
                fos.close();
                fis.close();
            } catch (Exception ex) {
                ex.printStackTrace();
            }
        }
    }
    // 创建文件夹
    public static void mkdir(String dir, File currentPath) {
        File file = new File(dir);
        if (file.isAbsolute()) {
            file.mkdir();
        } else {
            file = new File(currentPath, dir);
            file.mkdir();
```

```
        }
    }
    // 列举目录中的文件或文件夹
    public static void listFileInfo(File file) {
        if (file.isDirectory()) {
            File[] files = file.listFiles();
            for (File f : files) {
                long time = f.lastModified();
                SimpleDateFormat sd = new SimpleDateFormat(
                        "yyyy-MM-dd HH:mm:ss");
                String date = sd.format(new Date(time));
                if (f.isDirectory()) {
                    System.out.println(date + "<DIR>   " + f.getName());
                }
                if (f.isFile()) {
                    System.out.println(date + "     " + f.length() + " "
                            + f.getName());
                }
            }
        }
    }
}
```

2. 定义测试类代码如下。

```
public class FileUtilsMenu {
    public static void main(String[] args) {
        Scanner scanner = new Scanner(System.in);
    File currentPath = new File(System.getProperty("user.dir"));// 当前路径对象
        printMenuInfo();
        while (true) {
            System.out.println("请输入菜单编号: ");
            int key = scanner.nextInt();
            switch (key) {
            case 1:
                // 创建文件
                System.out.println("请输入文件名: ");
                String fileName = scanner.next();
                FileUtils.newFile(fileName, currentPath);
                break;
            case 2:
                // 删除当前路径文件或绝对路径文件
                System.out.println("请输入要删除文件名: ");
```

```
        fileName = scanner.next();
        FileUtils.delete(fileName, currentPath);
        break;
    case 3:
        //复制内容
        System.out.println("请输入文件名或绝对路径文件名: ");
        String src = scanner.next();
        System.out.println("目的路径: ");
        String dest = scanner.next();
        FileUtils.copyFile(src, dest);
        break;
    case 4:
        // 创建一个文件夹
        System.out.println("请输入文件夹名: ");
        String dir = scanner.next();
        FileUtils.mkdir(dir, currentPath);
        break;
    case 5:
        // 删除一个文件夹
        System.out.println("请输入文件夹名: ");
        dir = scanner.next();
        FileUtils.deleteDirectory(new File(dir));
        break;
    case 6:
        // 显示当前文件夹中的内容
        System.out.println("显示当前文件夹中的内容: ");
        FileUtils.listFileInfo(currentPath);
        break;
    case 7:
        // 显示当前路径
        System.out.println("当前的路径为: " + currentPath.getPath());
        break;
    case 8:
        // 显示上一级路径
        File file = new File(System.getProperty("user.dir"));
        currentPath = new File(file.getParent());
System.out.println("当前路径为: " + currentPath.getAbsolutePath());
        break;
    case 9:
        // 更改当前目录
        System.out.println("请输入路径: ");
        fileName = scanner.next();
        File f = new File(fileName);
```

```
            if (f.exists() && f.isDirectory()) {
                // 绝对路径
                    currentPath = f;
            }
        System.out.println("当前路径为: " + currentPath.getAbsolutePath());
            break;
        case 10:
            // 打印菜单信息
            printMenuInfo();
            break;
        case 0:
            System.exit(0);
            break;
        }
    }
}
// 打印菜单信息
public static void printMenuInfo() {
System.out.println("1.创建一个文件| 2.删除一个文件 |3.文件复制|4.创建一个文件夹|5.
删除一个文件夹|6.显示当前目录的所有文件及文件夹|7.显示当前目录的路径|8.回到上一级目录|9.修
改当前目录|10.菜单详情|0.退出");
    }
}
```

2. 执行当前程序，运行结果如下。

```
1.创建一个文件| 2.删除一个文件 |3.文件复制|4.创建一个文件夹|5.删除一个文件夹|6.显示当前目
录的所有文件及文件夹|7.显示当前目录的路径|8.回到上一级目录|9.修改当前目录|10.菜单详情|0.退
出
请输入菜单编号:
6
显示当前文件夹中的内容:
2010-03-26 13:33:56    301 .classpath
2010-04-15 17:56:43    380 .project
2010-04-15 17:56:43 <DIR>   .settings
2010-04-20 10:50:50 <DIR>   aa
2010-04-20 10:51:38      7  aaa
2010-04-15 17:56:43 <DIR>   bin
2010-04-15 17:56:43 <DIR>   src
```

实践 9.G.3

给定任意两个文本文件，将这两个文本文件的内容合并到一个新文件中。

分析

1. 首先创建一个文件 OneAndTwo.txt。
2. 把 One.txt 中的文件利用输入输出流方式复制到 OneAndTwo.txt 中。
3. 把 Two.txt 中的文件利用输入输出流方式复制到 OneAndTwo.txt 中。

参考解决方案

定义类 Hebing.java，代码如下。

```java
public class Hebing {
    public static void main(String[] args) {
        BufferedReader br1 = null;
        BufferedReader br2 = null;
        BufferedWriter bw = null;
        try {
            br1 = new BufferedReader(new FileReader("d:\\one.txt"));
            br2 = new BufferedReader(new FileReader("d:\\two.txt"));
            bw = new BufferedWriter(new FileWriter("d:\\oneAndtwo.txt"));
            String result = null;
            String line = System.getProperty("line.separator");
            while ((result = br1.readLine()) != null) {
                bw.write(result + line);
            }
            bw.flush();
            while ((result = br2.readLine()) != null) {
                bw.write(result + line);
            }
            bw.flush();
        } catch (Exception e) {
            e.printStackTrace();
        } finally {
            try {
                br1.close();
                br2.close();
                bw.close();
            } catch (Exception e) {
                e.printStackTrace();
            }
        }
    }
}
```

知识拓展

1. Zip 流

Zip 文件以压缩格式存储一个或多个文件，每个 Zip 文件都有文件头，其中包含了诸如文件名和使用压缩方法等信息。在 Java 中通常将一个 FileInputStream 传给 ZipInputStream 构造方法，可以用 ZipInputStream 来读取一个 Zip 文件。ZipInputStream 常用的方法如表 9.1 所示。

表 9.1　ZipInputStream 常用方法

方法名	功能说明
ZipInputStream(InputStream in)	创建新的 Zip 输入流
int available()	在 EOF 到达当前条目数据后，返回 0；否则，始终返回 1
void close()	关闭此输入流并释放与此流关联的所有系统资源
void closeEntry()	关闭当前 Zip 条目并定位流以读取下一个条目
ZipEntry createZipEntry(String name)	为指定条目名称创建一个新的 ZipEntry 对象
ZipEntry getNextEntry()	读取下一个 Zip 文件条目并将流定位到该条目数据的开始处

当向 Zip 文件写入时，需要打开一个构造方法中包含 FileOutputStream 的 ZipOutputStream 文件流。对于每一条希望置入 Zip 文件的条目，都要创建一个 ZipEntry 对象。只要把文件名传给 ZipEntry 构造方法，该类会自动设置其他参数，诸如文件日期和解压方法等。ZipOutputStream 常用的方法如表 9.2 所示。

表 9.2　ZipOutputStream 常用方法

方法名	功能说明
ZipOutputStream(OutputStream out)	创建新的 Zip 输出流
void close()	关闭 Zip 输出流和正在过滤的流
void closeEntry()	关闭当前 Zip 条目并定位流以写入下一个条目
void finish()	完成写入 Zip 输出流的内容，无须关闭底层流
void putNextEntry(ZipEntry e)	开始写入新的 Zip 文件条目并将流定位到条目数据的开始处
void write(byte[] b, int off, int len)	将字节数组写入当前 Zip 条目数据

下面代码是对单个文件进行压缩和在压缩格式下读取的例子。

```java
public class ZIPcompress {
    public static void main(String[] args) {
        Scanner scanner = new Scanner(System.in);
        while (true) {
            System.out.println("1.压缩一个文件|2.解压缩一个文件|其他数值则退出系统! ");
            int key = scanner.nextInt();
            switch (key) {
            case 1:
                compress(scanner);
                break;
            case 2:
                unCompress(scanner);
                break;
            default:
                System.exit(0);
                break;
            }
        }
    }
    // 压缩文件
    public static void compress(Scanner scanner) {
        BufferedInputStream bi = null;
        ZipOutputStream zo = null;
        try {
            System.out.println("请输入要压缩的文件名及路径:");
            String pathName = scanner.next();
            System.out.println("请输入压缩的路径及文件名(默认当前路径): ");
            String zipName = scanner.next();
            zo = new ZipOutputStream(new DataOutputStream(new FileOutputStream(
                    zipName + ".zip")));
            zo.putNextEntry(new ZipEntry(pathName));
            bi = new BufferedInputStream(new FileInputStream(pathName));
            byte[] buffer = new byte[1024];
            System.out.println("写入压缩文件");
            int length = 0;// 实际长度
            while ((length = bi.read(buffer, 0, buffer.length)) != -1) {
                zo.write(buffer, 0, length);
            }
        } catch (Exception ex) {
            ex.printStackTrace();
        } finally {
            try {
                bi.close();
```

```
            zo.close();
        } catch (Exception ex) {
            ex.printStackTrace();
        }
    }
}
// 解压缩文件
public static void unCompress(Scanner scanner) {
    // 声明 zip 流变量
    ZipInputStream zin = null;
    BufferedInputStream bin = null;
    BufferedOutputStream bo = null;
    try {
        System.out.println("请输入要读取的文件名及路径");
        String fileName = scanner.next();
        zin = new ZipInputStream(new FileInputStream(fileName));
        ZipEntry entry = zin.getNextEntry();
        byte[] buffer = new byte[1024];
        bin = new BufferedInputStream(zin);
        // 根据 entry.getName 解压缩到当前目录下
        System.out.println(entry.getName());
        bo=new BufferedOutputStream(new FileOutputStream(entry.getName()));
        int length = 0;
        while ((length = bin.read(buffer, 0, buffer.length)) != -1) {
            bo.write(buffer, 0, length);
        }
    } catch (Exception ex) {
        ex.printStackTrace();
    } finally {
        try {
            bo.close();
            zin.closeEntry();
        } catch (Exception ex) {
            ex.printStackTrace();
        }
    }
}
}
```

　　压缩类的用法非常直观，只需要将输出流封装到一个 ZipOutputStream 或者 ZipOutputStream 内，并将输入流封装到 GZipInputStream 或者 ZipInputStream 内即可。剩余的全部操作就是标准的 IO 读写。

2. NIO

从 JDK1.4 开始，引入了新的 I/O 类库，位于 java.nio 包中，其目的在于提高 I/O 操作的效率。Nio 是 new io 的缩写。java.nio 包引入了 4 个关键的数据类型。

- Buffer：缓冲区，临时存放输入或输出数据。
- Charset：具有把 Unicode 字符编码转换为其他字符编码，以及把其他字符编码转换为 Unicode 字符编码的功能。
- Channel：数据传输通道，能够把 Buffer 中的数据写到目的地，或者把数据源的数据读入到 Buffer。
- Selector：支持异步 I/O 操作，也称为非阻塞 I/O 操作，一般在编写服务器程序时需要用到它。

新 I/O 类库主要从两个方面提高 I/O 操作的效率。

- 利用 Buffer 缓冲器和 Channel 通道来提高 I/O 操作的速度。
- 利用 Selector 来支持非阻塞 I/O 操作。

下述代码是使用 FileChannel 的例子。

```
public class FileChannelTest {
    public static void main(String[] args) throws IOException {
        final int BSIZE = 1024;

        // 想文件中写入数据
        FileChannel fc = new FileOutputStream("d:\\test.txt").getChannel();
        fc.write(ByteBuffer.wrap("你好".getBytes()));
        // 向文件末尾添加数据
        fc = new RandomAccessFile("D:\\test.txt", "rw").getChannel();
        fc.position(fc.size());// 定位到文件末尾
        fc.write(ByteBuffer.wrap("朋友".getBytes()));
        fc.close();
        // 读数据
        fc = new FileInputStream("d:\\test.txt").getChannel();
        ByteBuffer buffer = ByteBuffer.allocate(BSIZE);
        fc.read(buffer);// 把文件中的数据读入到 ByteBuffer 中
        buffer.flip();
        Charset cs = Charset.defaultCharset();// 获得本地平台的字符编码
        System.out.println(cs.decode(buffer));// 转为 Unicode 编码
        fc.close();
    }
```

}

在以上 FileChannel 类的 main 方法中，先从文件输出流中得到一个 FileChannel 对象，然后通过它把 ByteBuffer 对象中的数据写入到文件中。"你好".getBytes()方法返回字符串"你好"在本地平台的字符编码。ByteBuffer 类的静态方法 wrap(byte[])把一个字节数组包装为一个 ByteBuffer 对象。

Main 方法接着从 RandomAccessFile 对象中得到一个 FileChannel 对象，定位到文件末尾，然后向文件中写入字符串"朋友"，该字符串仍然采用本地平台的字符编码。

Main 方法接着从文件输入流中得到一个 FileChannel 对象，然后调用 ByteBuffer.allocate 方法创建一个 ByteBuffer 对象，它的容量为 1024 个字节，fc.read 方法把文件中的数据读入到 ByteBuffer 中，接下来 buffer.flip 方法把缓冲区的极限 limit 设为当前位置值，再把位置 position 设为 0，这使得接下来的 cs.decode 方法仅仅操作刚刚写入缓冲区的数据。cs.decode 方法把缓冲区的数据转换为 Unicode 字符编码，然后打印该编码所代表的字符串。

执行上面程序，结果如下。

你好朋友

拓展练习

练习 9.E.1

利用 ZipOutputStream 和 ZipInputStream 分别实现对文件夹的压缩和解压缩。提示：利用 getNextEntry!=null 作为循环结束的条件。

练习 9.E.2

创建一个文件，文件名为：jdbc.properties，文件内容如下。

```
username = 张三
password = 123456
```

把文件中内容读出，读出结果如下。

```
用户名为： 张三
密码为： 123456
```

（提示：利用 Properties 类和流进行配合读取内容）

实践 10 反 射

 实践指导

实践 10.G.1

不采用常规做法，充分利用反射机制实现指定类对象的创建、对象属性值的修改及方法调用。

分析

1. 反射机制允许程序在执行期借助于 API 取得任何类的内部信息，并能直接操作任意对象的内部属性及方法。
2. 在 java.lang.reflect 包中有 Field、Method、Constructor 三个类分别用于描述类的属性、方法和构造函数。
3. 根据题目要求，需定义三个静态方法，根据传入的类分别完成类对象的创建、对象属性值的修改和方法调用。

参考解决方案

1. 定义复合条件的操作类 MyClass.java，代码如下。

```java
class MyClass {
    int num1;
    int num2;
    public int size;
    public MyClass() {
    }
    public MyClass(int num1, int num2) {
        this.num1 = num1;
        this.num2 = num2;
        System.out.println("[num1:" + num1 + ",num2:" + num2 + "]");
    }
    public int add(int a, int b) {
        return a + b;
    }
}
```

2. 在 MyReflection.java 中定义静态方法 newInstance，通过反射机制，实现如何调用带参数的构造函数来完成实例的生成，代码如下。

```java
public class MyReflection {
    // 声明类路径
    public static String className = "com.haiersoft.ph10.MyClass";
    public static void newInstance() {
        try {
            Class cls = Class.forName(className);
            Class partypes[] = new Class[2];
            partypes[0] = Integer.TYPE;
            partypes[1] = Integer.TYPE;
            // 获取指定参数类型的构造函数
            Constructor constructor = cls.getConstructor(partypes);
            // 构造方法所需参数的值
            Object arg[] = new Object[2];
            arg[0] = new Integer(37);
            arg[1] = new Integer(47);
            // 初始化实例
            Object obj = constructor.newInstance(arg);
        } catch (Exception e) {
            System.out.println(e);
        }
    }
}
```

3. 在 MyReflection.java 中定义静态方法 changeField，完成在动态加载中修改字符串指定的属性的值，代码如下。

```java
public class MyReflection {
//……省略代码部分
    public static void changeField() {
        try {
            Class cls = Class.forName(className);
            // 获取指定的属性
            Field field = cls.getField("size");
            MyClass myClass = new MyClass();
            System.out.println("size = " + myClass.size);
            // 通过 Field 的方法修改指定对象的对应属性
            field.setInt(myClass, 1200);
            System.out.println("size = " + myClass.size);
        } catch (Exception e) {
            System.out.println(e);
        }
```

```
    }
}
```

4. 在 MyReflection.java 中定义静态方法 runMethod，实现在动态加载中调用字符串指定的方法，代码如下。

```
public class MyReflection {
//……省略代码部分
    public static void runMethod() {
        try {
            Class cls = Class.forName(className);
            Class partypes[] = new Class[2];
            partypes[0] = Integer.TYPE;
            partypes[1] = Integer.TYPE;
            // 获取指定参数类型的方法
            Method method = cls.getMethod("add", partypes);
            MyClass myClass = new MyClass();
            // 构造方法所需参数的值
            Object arg[] = new Object[2];
            arg[0] = new Integer(37);
            arg[1] = new Integer(47);
            // 传入参数值，唤醒对象的方法，并接收返回值
            Object retobj = method.invoke(myClass, arg);
            Integer retval = (Integer) retobj;
            System.out.println(retval.intValue());
        } catch (Exception e) {
            System.out.println(e);
        }
    }
}
```

5. 在 MyReflection.java 中追加测试语句，代码如下。

```
public class MyReflection {
//……省略代码部分
        public static void main(String[] args) {
        System.out.println("--创建实例--");
        newInstance();
        System.out.println("--更改属性值--");
        changeField();
        System.out.println("--调用 add 方法--");
        runMethod();
    }
}
```

6. 执行当前程序，运行结果如下。

```
--创建实例--
[num1:37,num2:47]
--更改属性值--
size = 0
size = 1200
--调用 add 方法--
84
```

注意 实际开发过程中，可以自定义一个 Load()方法接收的四个参数，分别是：Java 的
类名、方法名、参数的类型和参数的值，来实现方法加载的通用性。

 知识拓展

1. 日期处理

在使用 INSERT INTO 语句时，INTO 语句后不仅可以是表或视图，而且可以是子查询。
其语法结构如下。

（1）Date 类

java.util.Date 类封装了当前的日期和时间。这个类从 JDK1.0 就开始存在，由于设计缺陷，
随着 JDK 版本发升级，Date 的很多方法被转移到 Calendar 类中，这里只对 Date 类中保留的
方法做描述。Date 类保留了两个构造函数和四个方法，如表 10.1 所示。

表 10.1　Date 类保留方法

方法名	功能说明
Date()	生成一个代表当前时间的日期对象
Date(long date)	根据指定的参数生成一个日期对象，其中 long 类型的参数表示从格林威治标准时间（GMT，1970 年 1 月 1 日 00：00：00 秒）以来的毫秒数
boolean after(Date when)	测试该日期是否比参数中指定的日期晚
boolean before(Date when)	测试该日期是否比参数中指定的日期早
long getTime()	以 GMT 为标准，返回时间间隔，单位为毫秒
void setTime(long date)	设置当前日期对象的实践，参数以 GMT 为标准，单位为毫秒

下面代码演示了 Date 类的使用。

```
class DateDemo {
```

```
public static void main(String args[]) {
    Date date = new Date();
    System.out.println(date);
    long msec = date.getTime();
    System.out.println("Milliseconds = " + msec);
}
}
```

执行结果如下。

```
Wed Mar 10 17:18:08 CST 2010
Milliseconds = 1268212688312
```

（2）Calendar 类

由于设计缺陷，在 JDK1.1 以后，提供了 Calendar 类用于取代 Date 类。Calendar 是一个抽象类，其提供了一组方法，允许把一个以毫秒为单位的时间转换成一些有用的时间组成部分，如：年、月、日、时、分、秒。由于 Calendar 是一个抽象类，不能使用构造函数直接实例化，但是在这个类中，提供了很多静态方法可以获取 Calender 类型对象（或其子类对象，如：GregorianCalendar）。Calender 类常用方法如表 10.2 所示。

表 10.2 Calendar 常用方法

方法名	功能说明
Calendar getInstance()	获得一个默认时区、默认地点的 Calendar 对象
Calendar getInstance(Locale locale)	获得一个默认时区、指定地点的 Calendar 对象
abstract void add(int field,int value)	将 value 加到 field 指定的日期或时间部件中
int get(int field)	返回当前日期对象在指定日期或时间部件对应的值
void set(int field,int value)	将 value 值设定到指定的日期或时间部件中
void set(int year,int month,int day)	设置当前日期对象的日期部分
void set(Date date)	从 date 对象获取日期和时间信息用于设置当前日期对象

为方便使用，在 Calendar 类中定义了一些 int 类型的常量，用于取得或设置 Calendar 类的特定信息，如表 10.3 所示列举了部分常用日期部件常量。

表 10.3 Calendar 部分日期部件

常量名	功能说明
Calendar.YEAR	获取当前日期对象的年份
Calendar.MONTH	获取当前日期对象的月份
Calendar.DATE	获取当前日期对象的在当前月的日子
Calendar.HOUR	获取当前日期对象时间部分的小时

常量名	功能说明
Calendar.MINUTE	获取当前日期对象时间部分的分
Calendar.SECOND	获取当前日期对象时间部分的秒
Calendar.DAY_OF_WEEK	获取当前日期对象指定的日期是周几

下面的代码演示了 Calendar 类的使用。

```
class CalendarDemo {
    public static void main(String args[]) {
        String months[] = { "1月", "2月", "3月", "4月", "5月", "6月", "7月", "8
月", "9月", "10月", "11月", "12月" };
        // 创建Calender对象
        Calendar calendar = Calendar.getInstance();
        // 显示当前日期.
        System.out.print("日期: ");
        System.out.println(calendar.get(Calendar.YEAR) + "年"
                + months[calendar.get(Calendar.MONTH)]
                + calendar.get(Calendar.DATE) + "日");
        // 显示当前时间
        System.out.print("时间: ");
        System.out.println(calendar.get(Calendar.HOUR+Calendar.PM) + ":"
                + calendar.get(Calendar.MINUTE) + ":"
                + calendar.get(Calendar.SECOND));
        // 设置日期
        calendar.set(Calendar.YEAR, 2008);
        calendar.set(Calendar.MONTH, 7);
        calendar.set(Calendar.DATE, 8);
        // 显示修改后日期
        System.out.print("日期修改后: ");
        System.out.println(calendar.get(Calendar.YEAR) + "年"
                + months[calendar.get(Calendar.MONTH)]
                + calendar.get(Calendar.DATE) + "日");
    }
}
```

执行结果如下。

```
日期: 2009年3月10日
时间: 15:3:54
日期修改后: 2008年8月8日
```

注意 Calendar 返回月份从 0 开始。

（3）GregorianCalendar 类

GregorianCalendar 是 Calendar 类一个具体实现类，它实现了公历日历。事实上 Calendar 的 getIntstance 方法返回一个 GregorianCalendar 的实例。

GregorianCalendar 提供构造函数实现，默认的构造函数以默认的地域和时区初始化日期对象，其他构造函数则提供了确切的构造方式。GregorianCalendar 实现了 Calendar 类中所有的抽象方法。GregorianCalendar 常用方法如表 10.4 所示。

表 10.4　GregorianCalendar 常用方法

常量名	功能说明
GregorianCalendar()	获取默认的 GregorianCalendar 对象
GregorianCalendar(int year,int month,int dayOfMonth)	通过指定年月日构建 GregorianCalendar 对象
GregorianCalendar(Locale locale)	使用指定区域构建 GregorianCalendar 对象
boolean isLeapYear(int year)	判断指定年份是否是闰年

GregorianCalendar 定义了两个字段：AD 和 BC，代表公历定义的两个时代（公元前和公元后）

下面代码演示了 GregorianCalendar 类的使用。

```
public class GregorianCalendarDemo {
    public static void print(GregorianCalendar gc) {
        System.out.print(gc.get(Calendar.YEAR) + "年" + gc.get(Calendar.MONTH)
                + "月" + gc.get(Calendar.DAY_OF_MONTH) + "日");
        System.out.println(", 第 " + gc.get(Calendar.WEEK_OF_YEAR) + " 周");
    }
    public static void main(String[] args) {
        // 已知具体年月日构造一个对象
        GregorianCalendar gc = new GregorianCalendar(2008, 8, 8);
        // 使用 getTime()方法获取 Date 对象
        Date time = gc.getTime();
        System.out.println(time);
        // 输出当前日期对象信息
        print(gc);
        // 调整日期
        gc.add(Calendar.DAY_OF_YEAR, 600);
        // 打印调整后的日期对象信息
        print(gc);
    }
}
```

运行结果如下。

```
Mon Sep 08 00:00:00 CST 2008
2008 年 8 月 8 日，第 37 周
2010 年 4 月 1 日，第 18 周
```

（4）TimeZone 类

TimeZone 是一个抽象类，表示一个时区的概念，该类可以处理不同时区和格林威治标准时间之间的时差，同时也能计算夏令时。

TimeZone 提供静态方法 getDefault 来获取当前程序所运行机器上的默认时区，下面代码演示了 TimeZone 的使用。

```java
public class TimeZoneDemo {
    public static void main(String[] args) {
        TimeZone tz = TimeZone.getDefault();
        System.out.println("当前时区是: "+tz.getDisplayName());
        System.out.println("时区 ID是: "+tz.getID());
    }
}
```

如果操作系统时区未作调整，运行结果如下。

```
当前时区是: 中国标准时间
时区 ID是: Asia/Shanghai
```

2. Formatter 类

java.util.Formatter 是 JDK1.5 新增的类库，功能强大，主要用在文本格式化输出，允许以任意格式显示数值、字符串、时间等，还有类似超市的购物单小票、单据等，都会用到格式化输出的工具。

使用 Formatter 进行格式化输出时，需向其构造函数传递构造信息，指明最终结果输出到哪里；进行格式控制时，需使用格式化说明符（以%开头）指定数据输出格式，常用的格式化说明符如表 10.5 所示。

表 10.5　常用格式化说明符

格式说明符	适用性说明
%D %d	十进制整数
%C %c	Unicode 字符
%B %b	布尔型
%S %s	字符串
%F %f	浮点类型
%T %t	时间和日期

（续表）

格式说明符	适用性说明
%E %e	科学符号
%%	插入一个%符号

下面代码使用 System.out 作为输出设备，演示了 Formatter 的功能。

```
public class FormatterDemo {
    public static void main(String[] args) {
        Formatter fmt = new Formatter(System.out);
        // 格式化输出字符串和数字
        fmt.format("格式化输出: %s %d", "a", 1235);
        System.out.println("\n--------");
        // 日期的格式化，并将格式化结果存储到一个字符串变量中
        Calendar c = new GregorianCalendar();
        fmt.format("当前日期:%tD", c);
        System.out.println("\n--------");
        // 数字格式化
        fmt.format("长宽(%.2f , %d)", 10.3, 6);
    }
}
```

执行结果如下。

```
格式化输出: a 1235
--------
当前日期:03/10/10
--------
长宽(10.30 , 6)
```

在上述代码中，进行日期格式控制时，引入了时间和日期格式后缀用来控制日期数据输出，常用时间和日期格式后缀如表 10.6 所示。

表 10.6 时间和日期格式后缀

格式说明符	适用性说明
A	星期全称
B	月份全称
Y	以十进制表示的年份，0001~9999
H	以十进制表示的小时，0~23
M	以十进制表示的分钟
m	以十进制表示的月份
d	每月日期的十进制格式
S	以十进制表示的秒数

下面代码演示了几种日期格式的使用。

```java
class TimeDateFormat {
    public static void main(String args[]) {
        Formatter fmt = new Formatter();
        Calendar cal = Calendar.getInstance();
        // 输出年月日
        fmt.format("%tY年%tm月%td日 %tA", cal, cal, cal, cal);
        System.out.println(fmt);
        // 输出时分秒
        fmt.format("%tH时%tM分%tS秒", cal, cal, cal);
        System.out.println(fmt);
    }
}
```

执行结果如下。

```
2009年03月09日 星期二
2009年03月09日 星期二18时40分01秒
```

使用 Formatter 还可以控制输出区域的宽度，设定输出数据的精度、对其方式等。关于 Formatter 类的格式化说明符、时间和日期格式后缀及其使用的具体细节可参考 Java API（是 Sun 公司提供的学习和使用 Java 语言中用到的参考资料之一）。

 拓展练习

练习 10.E.1

使用日期类对象实现打印当前月份的日历表，如下所示。

```
Sun Mon Tue Wed Thu Fri Sat
          1   2   3   4   5   6
      7   8   9  10* 11  12  13
     14  15  16  17  18  19  20
     21  22  23  24  25  26  27
     28  29  30  31
```

其中标注有"*"的日期代表当前日期，输出完毕后请对照 Windows 自带日历系统验证程序结果的正确性。

实践 11 枚举、自动装箱、注解

 实践指导

实践 11.G.1

现在需要增加一个自动表决器，用于自动投票管理，投票的结果又赞成、反对和弃权。

分析

1. 投票结果只有赞成、反对和弃权三项，取值稳定不变，可以使用枚举定义投票结果。
2. 由于要自动表决，可通过随机值来限定取值结果，需要使用 Random 类。
3. 投票结果有三项，为能体现公平性，需使这三项结果产生的概率尽可能相等，需定义三个区间，0~10，11~20，21~30，通过限制 Random 的返回值，只需要检查返回值所属的区间即可。

参考解决方案

1. 定义投票结果的枚举 Answer.java，代码如下。

```java
public enum Answer {
    YES, NO("反对"), UNPOLL("弃权");
    Answer() {
        answer = "赞成";
    }
    Answer(String answer) {
        this.answer = answer;
    }
    public String toString() {
        return answer;
    }
    private String answer;
}
```

2. 定义投票类 Voter.java，在类内部实现 vote 方法，能根据随即生成值所属区间返回不同的投票结果，代码如下。

```java
public class Voter {
    static Random rand = new Random();
    public static Answer vote() {
```

```
        // 随机生成一整数，控制在 30 以内
        int num = (int) (30 * rand.nextDouble());
        if (num < 10)
            return Answer.YES;
        else if (num < 20)
            return Answer.NO;
        else
            return Answer.UNPOLL;
    }
}
```

3. 实现测试类，代码如下。

```
public class VoterTest {
    public static void main(String[] args) {
        String[] names = { "张飞", "赵云", "关羽", "刘备", "周瑜" };
        for (String name : names) {
            System.out.println(name + ":" + Voter.vote());
        }
    }
}
```

4. 执行当前程序，随机运行结果如下。

```
张飞:弃权
赵云:反对
关羽:反对
刘备:弃权
周瑜:赞成
```

实践 11.G.2

注解可用于修饰类、方法、属性，并且每个类、方法、属性可以由多个注解修饰，使用反射机制，获取类、方法上的全部注解。

分析

1. JDK5.0 提供 AnnotatedElement 接口，为 Method、Filed、Constructor、Class、Package 类提供获取注解的途径。

2. 可通过调用一个条目上的 getAnnotations 方法，获得与这个条目相关的全部注解信息。

3. 为能使用反射机制获取注解的相关信息，必须将注解的保留策略设置为 RUNTIME。

参考解决方案

1. 定义注解 When，用于指定日期信息，代码如下。

```
@Retention(RetentionPolicy.RUNTIME)
public @interface When {
    String createDate() ;
}
```

2. 定义注解 Comment，用于指定所修饰项目的功能信息及序号，代码如下。

```
@Retention(RetentionPolicy.RUNTIME)
public @interface Comment {
    String comment();
    int order() default 1;
}
```

3. 使用 When 和 Comment 为类和方法关联注解，并通过反射获取注解信息，代码如下。

```
@When(createDate = "2009-09-23")
@Comment(comment = "类注解")
public class MultiAnnoTest {
    @When(createDate = "2009-12-12")
    @Comment(comment = "方法注解", order = 2)
    public static void func() {
    }
    public static void getAnnotation() {
        MultiAnnoTest demo1 = new MultiAnnoTest();
        try {
            // 从类中获取注解信息
            Class c = demo1.getClass();
            Annotation[] annos = c.getAnnotations();
            System.out.println(c.getName() + "类的所有注解有：");
            for (Annotation a : annos) {
                System.out.println(a);
            }
            // 从方法中获取注解信息
            Method m = c.getMethod("func");
            annos = m.getAnnotations();
            System.out.println(m.getName() + "方法的所有注解有：");
            for (Annotation a : annos) {
                System.out.println(a);
            }
        } catch (NoSuchMethodException exc) {
            System.out.println("方法未发现.");
```

```
        }
    }
    public static void main(String args[]) {
        getAnnotation();
    }
}
```

4. 执行当前程序，运行结果如下。

```
com.haiersoft.ph11.MultiAnnoTest 类的所有注解有:
@com.haiersoft.ph11.Comment(order=1, comment=类注解)
@com.haiersoft.ph11.When(createDate=2009-09-23)
func 方法的所有注解有:
@com.haiersoft.ph11.When(createDate=2009-12-12)
@com.haiersoft.ph11.Comment(order=2, comment=方法注解)
```

 知识拓展

1. 自动装箱/拆箱

自动装箱/拆箱固然简化了操作，但有些地方需要特别注意，代码如下。

```java
public class WrapperNotice {
    public static void main(String[] args) {
        Integer obj1 = new Integer(100);
        Integer obj2 = new Integer(100);
        System.out.println("obj1 == obj2 ?"+(obj1==obj2));
        Integer obj3 = 100;
        Integer obj4 = 100;
        System.out.println("obj3 == obj4 ?"+(obj3==obj4));
        System.out.println("obj1 == obj3 ?"+(obj1==obj3));
        Integer obj5 = 128;
        Integer obj6 = 128;
        System.out.println("obj5 == obj6 ?"+(obj5==obj6));
    }
}
```

执行结果如下。

```
obj1 == obj2 ?false
obj3 == obj4 ?true
obj1 == obj3 ?false
obj5 == obj6 ?false
```

根据上述结果，obj1 和 obj2 分属两个对象实例，结果为 false 是预料之中。obj3 和 obj4 因为使用的自动装包，自动装包有一个规则：当 int 类型的数据在-128~127 之间时，自动装包产生的 Integer 对象会在内存中缓存（其行为跟 String 类类似），故输出结果为 true。obj5 和 obj6 因为超出这个范围（其效果等同于 new 一个实例）所以输出为 false。

boolean 类型、byte 类型、-128~127 之间的 short 和 int 类型、\u0000~\u007F 之间的 char 类型的值也存在这个特性。

2.　可变参数

JDK1.5 增加了新特性：可变参数。适用于参数个数不确定，类型确定的情况，Java 把可变参数当做数组处理。

在使用可变参数声明方法时需要注意以下事项。

- 可变参数必须位于最后一项。
- 一个方法最多支持一个可变参数。

例如，下面的方法声明是合理的。

```
int add(int a, double b, int... vals)
```

下面结构的方法声明是错误的。

```
int add(int a, double b, int... vals,boolean bool) //可变参数不是最后一个
int add(int a, double b, int... vals,double... dvals) //可变参数多于一个
```

下面代码演示了可变参数的使用。

```
public class VarArgumentsDemo {
    public static void dealArray(int order, int... intArray) {
        int sum = 0;
        for (int i : intArray)
            sum+=i;
        System.out.println(order+":"+sum);
    }
    public static void main(String args[]) {
        dealArray(1,1);
        dealArray(2,1,2);
        dealArray(3,1,2,3);
    }
}
```

执行结果如下。

```
1:1
```

```
2:3
3:6
```

可以重载可变参数声明的方法，如下面的方法声明是合理的。

```
public class VarArgumentsDemo {
    public int add(int... intVals);
    public double add(double...dVals);
}
```

 拓展练习

练习 11.E.1

编写一个截取字符串的函数，输入为一个字符串和字节数，输出为按字节截取的字符串。但是要保证汉字不被截半个，如"我 ABC"，4，应该截为"我 AB"，输入"我 ABC 汉 DEF"，6，应该输出为"我 ABC"。

附录 A　Java 关键字

关键字	描述
abstract	用于定义抽象类或声明抽象方法
assert	用来定位内部的程序错误
boolean	布尔类型其值为 true/false
break	用于跳出 switch 或循环语句
byte	8 位的整型
case	switch 语句的判断分支
catch	捕获异常的 try 语句块的子句
char	Unicode 字符类型
class	定义类类型
const	保留字
continue	结束本次循环而继续执行下一次循环
default	switch 语句的默认分支
do	do/while 循环的开始
double	双精度浮点数类型
else	if 语句的 else 子句
extends	用于继承一个父类
final	常量、不能继承的类和不能覆盖的方法
finally	try 语句总被执行的部分
float	单精度浮点类型
for	循环语句
goto	保留字
if	条件语句
implements	用于一个雷类来实现接口
import	用来导入一个包
instanceof	检测某个对象是否是某个类的实例
int	32 位整型
interface	用于定义一个接口
long	64 位整型
native	一种由主机系统实现的方法
new	创建一个对象

（续表）

关键字	描述
null	空引用
package	声明类所属的包
private	仅能由本类的方法访问的特性
protected	仅能由本类的方法，子类及其本包的其他类访问的特性
public	可以由所有类的方法访问的特性
return	从一个方法中返回
short	16 位整型
static	每个类只有唯一的副本，而不是每个对象有一个副本
strictfp	浮点计算采用严格的规则
super	父类对象或构造方法
switch	一种选择分支结构
synchronized	在多线程环境下用于修饰方法时，起到同步作用
this	方法或变量的隐式参数或者本类的构造方法
throw	用于抛出异常对象
transient	标记数据不能持久化
try	捕获异常的代码块
void	表明方法不返回值
volatile	确保一个域可以被多个线程访问
while	一种循环结构

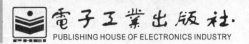
电子工业出版社.
PUBLISHING HOUSE OF ELECTRONICS INDUSTRY

Broadview®
www.broadview.com.cn

《Java SE 程序设计基础教程》
读者交流区

尊敬的读者：

感谢您选择我们出版的图书，您的支持与信任是我们持续上升的动力。为了使您能通过本书更透彻地了解相关领域，更深入的学习相关技术，我们将特别为您提供一系列后续的服务，包括：

1. 提供本书的修订和升级内容、相关配套资料；

2. 本书作者的见面会信息或网络视频的沟通活动；

3. 相关领域的培训优惠等。

请您抽出宝贵的时间将您的个人信息和需求反馈给我们，以便我们及时与您取得联系。

您可以任意选择以下三种方式与我们联系，我们都将记录和保存您的信息，并给您提供不定期的信息反馈。

1．短信

您只需编写如下短信： B11274+您的需求+您的建议

发送到1066 6666 789（本服务免费，短信资费按照相应电信运营商正常标准收取，无其他信息收费）

为保证我们对您的服务质量，如果您在发送短信24小时后，尚未收到我们的回复信息，请直接拨打电话 （010）88254369。

2．电子邮件

您可以发邮件至jsj@phei.com.cn或editor@broadview.com.cn。

3．信件

您可以写信至如下地址：北京万寿路173信箱博文视点，邮编：100036。

如果您选择第2种或第3种方式，您还可以告诉我们更多有关您个人的情况，及您对本书的意见、评论等，内容可以包括：

（1）您的姓名、职业、您关注的领域、您的电话、E-mail地址或通信地址；

（2）您了解新书信息的途径、影响您购买图书的因素；

（3）您对本书的意见、您读过的同领域的图书、您还希望增加的图书、您希望参加的培训等。

如果您在后期想退出读者俱乐部，停止接收后续资讯，只需发送"B11274+退订"至10666666789即可，或者编写邮件"B11274+退订+手机号码+需退订的邮箱地址"发送至邮箱：market@broadview.com.cn亦可取消该项服务。

同时，我们非常欢迎您为本书撰写书评，将您的切身感受变成文字与广大书友共享。我们将挑选特别优秀的作品转载在我们的网站（www.broadview.com.cn）上，或推荐至CSDN.NET等专业网站上发表，被发表的书评的作者将获得价值50元的博文视点图书奖励。

我们期待您的消息！

博文视点愿与所有爱书的人一起，共同学习，共同进步！

通信地址：北京万寿路 173 信箱　博文视点（100036）　　电话：010-51260888

E-mail：jsj@phei.com.cn，editor@broadview.com.cn

www.phei.com.cn
www.broadview.com.cn

反侵权盗版声明

电子工业出版社依法对本作品享有专有出版权。任何未经权利人书面许可，复制、销售或通过信息网络传播本作品的行为；歪曲、篡改、剽窃本作品的行为，均违反《中华人民共和国著作权法》，其行为人应承担相应的民事责任和行政责任，构成犯罪的，将被依法追究刑事责任。

为了维护市场秩序，保护权利人的合法权益，我社将依法查处和打击侵权盗版的单位和个人。欢迎社会各界人士积极举报侵权盗版行为，本社将奖励举报有功人员，并保证举报人的信息不被泄露。

举报电话： (010)88254396；(010)88258888
传　　真： (010)88254397
E－mail： dbqq@phei.com.cn
通信地址： 北京市万寿路 173 信箱
　　　　　电子工业出版社总编办公室
邮　　编： 100036